Casos clínicos en cirugía cardiovascular

Volumen I

Patología valvular y cardiopatía isquémica

JOSÉ MANUEL VIGNAU CANO

Cirujano Cardiovascular

Hospital Universitario Puerta del Mar

Cádiz, España

TOMÁS DAROCA MARTÍNEZ

Director Unidad Cirugía Cardiovascular

Cirujano Cardiovascular

Hospital Universitario Puerta del Mar

Cádiz, España

ÍNDICE

CONCEPTOS BÁSICOS DE LA CIRCULACIÓN
EXTRACORPÓREA...1

García Camacho, Carlos. Guillén Romero, Gloria. Arteaga Santiago, Javier. Pérez López, Ana.

TEMA 1. CASO CLÍNICO NÚMERO 1...15

José Manuel Vignau Cano, Tomás Daroca Martínez, Diego Macías Rubio.

TEMA 2. CASO CLÍNICO NÚMERO 2...25

Nora García Borges, Alfredo López González.

TEMA 3. CASO CLÍNICO NÚMERO 3...37

Aníbal Bermúdez García, M. Ángeles Martín Domínguez, Nora García Borges.

TEMA 4. CASO CLÍNICO NÚMERO 4...45

Alfredo López González, Aníbal Bermúdez García.

TEMA 5. CASO CLÍNICO NÚMERO 5...54

 M. Ángeles Martín Domínguez, Aníbal Bermúdez García.

TEMA 6. CASO CLÍNICO NÚMERO 6...67

Nora García Borges, Miguel Ángel Gómez Vidal.

TEMA 7. CASO CLÍNICO NÚMERO 7...79

Diego Macías Rubio, Alfredo López González.

TEMA 8. CASO CLÍNICO NÚMERO 8...93

Nuria Miranda Balbuena, Marcos Alcántaro Montoya.

TEMA 9. CASO CLÍNICO NÚMERO 9...104

Diego Macías Rubio, Nuria Miranda Balbuena.

PRÓLOGO

Es un placer presentarles esta obra, nacida de un grupo de cirujanos cardiovasculares dedicados en cuerpo y alma a esta especialidad, la Cirugía Cardiovascular.

Esta especialidad suele ser desconocida para muchos profesionales sanitarios, desconocen nuestras funciones y nuestro campo de trabajo, algunos confunden nuestra especialidad con la de Cardiología, otros desconocen las técnicas quirúrgicas que utilizamos y las vías de abordaje.

Estas dudas y desconocimientos las hemos ido percibiendo a lo largo de los años, donde hemos visto como los sanitarios en formación que han ido pasando por nuestro quirófano se sorprenden de nuestra actividad, se interesan por lo que hacemos, realizan múltiples preguntas y otras muchas que piensan y seguro que no hacen.

Los pacientes cardiópatas y con enfermedades vasculares son pacientes delicados, causan mucho respeto y no todos los sanitarios se sienten cómodos manejándolos.

Es por ello que en nuestro servicio nació la idea de realizar un libro que explicara de manera sencilla y amena como se diagnostica un paciente con patología cardiovascular, si tiene indicación de cirugía, como se interviene y que aspectos más importantes debemos conocer sobre esa patología.

La obra va dirigida a todo personal sanitario (sobre todo personal facultativo) tanto en formación como profesional que tenga interés en conocer o ampliar conocimientos sobre patología del corazón y vascular.

Para ello el libro consta de varios volúmenes, a lo largo de la obra hablaremos de los conceptos básicos sobre las vías de abordaje, técnica de circulación extracorpórea, materiales y prótesis utilizados, patología valvular, cardiopatía isquémica, enfermedades de la aorta, electroestimulación cardíaca y muchos temas más.

Todos los temas se ciñen a los conocimientos básicos que (pensamos) cualquier médico debería conocer sobre nuestra especialidad. Para que la lectura sea más sencilla y amena toda la patología se ha enfocado como casos clínicos, casos de pacientes que podemos encontrarnos en nuestra consulta y que pueden tener una enfermedad cardiovascular.

Pensamos que la obra no tiene desperdicio y que puede ser de gran utilidad para personal no especializado o no relacionado con este tema.

Agradecer a todo el personal tanto facultativo como de enfermería del Servicio de Cirugía Cardiovascular del Hospital Universitario Puerta del Mar de Cádiz por su colaboración.

José Manuel Vignau Cano

Tomás Daroca Martínez

INTRODUCCIÓN: CONCEPTOS BÁSICOS DE LA CIRCULACIÓN EXTRACORPÓREA

Carlos García Camacho, Gloria Guillén Romero, Javier Arteaga Santiago, Ana Pérez López

UN POCO DE HISTORIA…

El domingo 3 de diciembre de 1967 a las 5 h. y 52 minutos de la mañana, en el hospital GrooteSchurr de Ciudad del Cabo, el cirujano Christian NeethlingBarnard observa como empieza a latir el corazón que acaba de implantar en el tórax de Louis Washkansky de 54 años, el órgano trasplantado provenía de Denise AnneDarvall de 25 años, víctima de un mortal accidente de tráfico.

Para poder llegar a este punto, a través de la historia tuvieron que ocurrir una serie de acontecimientos

Una visión retrospectiva va a ir desmadejando un ovillo por el cual dilucidaremos el origen de la circulación extracorpórea.

¿Qué retos ha tenido que afrontar el ser humano para sustituir una máquina tan perfecta?.

¿Qué movimientos a lo largo de la historia han debido de ocurrir hasta nuestros días para lograr sustituir su función en el ser humano?

Haciendo un rápido análisis histórico nos remontamos a Hipócrates (S. V a. C. – S. IV a. C.) y Aristóteles (384 a. C. - 322 a.C.) que mantuvieron que el corazón se movía gracias a un "espíritu más sutil que el aire" que lo impele para buscar un lugar más amplio en el que moverse, que era el origen de la sangre, de los vasos sanguíneos y de un calor innato que daba lugar al pulso y al latido cardiaco. Unos siglos más tarde, Galeno (130 -200) realizando vivisecciones, demostró ventrículo izquierdo contenía sangre, pero pensó que esta pasaba al derecho a través de unos orificios invisibles existentes en el tabique intermedio, permitiéndola salida de unos "vapores" de desechos. Esta teoría fue desestimada por Ibn al-Nafisel (1205–1288), médico árabe, quien observó que la sangre viajaba del ventrículo derecho al izquierdo a través de los pulmones, pero sus ideas no fueron aceptadas y se olvidaron.

Quizás dichas teorías hubieran finalizado si los dibujos anatómicos de Leonardo da Vinci (1452 – 1519) hubieran sido propagados corrigiendo los errores anteriores, pero pertenecían a colecciones privadas y no fueron suficientemente difundidos. (figura 1)

Unos años más tarde, Andreas Vesalio observó que el tabique interventricular era impenetrable, pero no logró explicar como la sangre pasada de un lado al otro, hasta que Miguel Servet (1522 – 1553) descubrió que la sangre pasaba del lado derecho del corazón al lado izquierdo a través de los pulmones, pero murió en la hoguera acusado de herejía, en ese mismo siglo, Andreas Cesalpino (1519 – 1603) acuñó el término circulación y defendió la teoría del retorno venoso

ç de la sangre a través de las vena, siendo el Profesor Fabrizid'Acquapendente (1537 – 1619) el que postuló que las válvulas de las venas impedían el reflujo de la sangre.

Fue en al ano 1628 cuando se esclareció esta gran incógnita.

El médico de cámara de los reyes Carlos y Jacobo 1 de Inglaterra, William Harvey (1578-1657) , describió la circulación de la sangre con precisión matemática, tras luchar durante 20 años contra corriente con las ideas religiosas y científicas de la época. Sus conclusiones sigue siendo válidas al cabo de 400 años, pero ni tan siquiera Harvey pudo dilucidar que el corazón era capaz de impulsar 120 veces en una hora 6 litros de sangre por el cuerpo humano.

En el deseo de investigar sobre la función del corazón y de que una máquina pueda realizar su función, tendremos que remontarnos al año 1813, donde César JulienLeGallois (1770-1814) sugiere que la perfusión artificial de una parte del cuerpo, aislada del corazón, puede preservar sus funciones. Posteriormente, Edouard Brown Sequard (1817-1894) demostró que los músculos de individuos guillotinados, en fase de rigidez cadavérica, ya no pueden responder a una estimulación eléctrica y que esta función puede ser reactivada durante algún tiempo por medio de la perfusión de sangre oxigenada. En sus experimentos inyectó su propia sangre en asesinos decapitados (1848-1858).

Pero no fue hasta 1868 cuando Ludwig y Schmidt consiguieron oxigenar sangre venosa dentro de un frasco haciéndola burbujear, hasta que Von Schroeder en 1882 experimentó que el uso de un flujo continuo de burbujas mantenía la sangre oxigenada pudiéndose considerar el primer pulmón artificial (oxigenador).

A finales de 1920, Sergei Brukhonenko (1890-1960) consiguió mantener con vida durante 190 minutos la cabeza amputada de un perro vivo. La cabeza del perro fue conectada a una máquina corazón pulmón bautizada por el mismo como "autojector" la bomba que supuestamente le da a la cabeza todo lo necesario para mantenerla con vida, con este experimento fue pionero en la investigación y construcción de la primera máquina corazón-pulmón imprescindible posteriormente para la cirugía extracorpórea.

En 1931 el cirujano John Gibbon (1093-1973) concibió una máquina corazón pulmón artificial. A la edad de 28 años, siendo residente de Cirugía en el Hospital General de Massachusetts cuando una paciente, una mujer que tras una colecistectomía presentó una embolia pulmonar masiva. Tras la bradicardia y la pérdida de conciencia de la paciente, se le realizó la operación de Trendelenburg que nunca había tenido éxito en Estados Unidos. El jefe del Servicio de Cirugía Dr. Churchill, abrió la arteria pulmonar y realizó la embolectomía en 6 minutos y 30 segundos, pero la paciente falleció. Gibbon escribió más tarde: "Durante esa larga noche, observando desesperadamente a la paciente luchar por su vida, espontáneamente surgió en mí la idea de que si hubiera sido posible remover en forma continua parte de la sangre azul de las venas distendidas de la paciente, poner oxígeno en esa sangre y permitir que el anhídrido carbónico se separe de ella, y luego inyectar de vuelta también en forma continua en las arterias de la paciente esta sangre ahora roja, podríamos haber sido capaces de salvar su vida".

En 1946, durante unas vacaciones, John Gibbon conoce a Thomas Watson, presidente de la IBM, quien le dio apoyo tecnológico y financiero para la construcción de la primera máquina corazón-pulmón capaz de sustituir la función cardiaca y pulmonar de un ser humano.

Tras una primera cirugía que resultó exitosa (cierre de una comunicación interauricular de una mujer de 18 años, Cecilia Bavolek), sus siguientes cuatro pacientes fallecen, lo que hace que el Dr. Gibbon abandone el proyecto.

El desarrollo de la máquina fue continuado por un cirujano de la Clínica Mayo, John W. Kirklin (1927-2004), que con la ayuda de los ingenieros de esta institución, desarrolló el prototipo de la máquina corazón pulmón Mayo-Gibbon-IBM, con la que, a partir, del 22 de mayo de 1955, la Clínica Mayo se convirtió en uno de los dos centros de vanguardia de la cirugía a corazón abierto.

Desde el año 1955 hasta la actualidad, las bombas de circulación extracorpórea han ido encaminadas a conseguir una mayor eficiencia y menos traumatismo sanguíneo, desarrollándose distintos tipos de mecanismos:

- Tornillo de Arquímides

- Bombas de dedos múltiples

- Bombas de pistón

- Bombas de rodillo

- Bombas centrífuga

El Tornillo de Arquímedes es una máquina gravímetrica utilizada para elevación de agua, harina o cereales. Fue inventado en el siglo III a. C. por Arquímedes, del que recibe su nombre, aunque existen hipótesis de que ya era utilizado en Egipto. Se basa en un tornillo que se hace girar dentro de un cilindro hueco, situado sobre un plano inclinado, y que permite elevar el agua situada por debajo del cjc de giro. Desde su invención hasta ahora se ha utilizado para el bombeado de fluidos. También es llamado Tornillo Sinfín por su circuito en infinito.

La bomba de dedos múltiples fue utilizada por el Dr. C. WaltonLillehei (1918-1999) ya que permitía que dos circuitos podían ser gestionados por la misma máquina en la circulación cruzada impulsando la sangre del donante hacia el receptor. Los problemas de la diferencia de recorrido de los circuitos y de los inherentes al paciente-donante le hicieron abandonar este sistema.

Las bombas de rodillo es un sistema que consiste en dos o tres rodillos que se desplazan en el interior de una caja comprimiendo un tubo situado en su interior, conociendo el diámetro del tubo y las revoluciones , es posible calcular el flujo de la bomba. (figura 2)

Las bombas centrífugas están constituidas por una cámara de forma más o menos cónica con un tubo de salida tangencial y un tubo de entrada central. En el interior de esta cámara se mueve un rotor que hace que el líquido gire a gran velocidad y sea impulsada, gracias a la fuerza centrífuga, por el tubo de salida (figura 3).

LA CIRCULACIÓN EXTRACORPÓREA

Una bomba de circulación extracorpórea es aquella que hace circular la solución de perfusión a través del organismo de manera eficiente. De todos los elementos que componen los dispositivos, el componente diferenciador entre unas y otras va a ser la bomba de impulsión de líquido. (figura 4)

Para la circulación extracorpórea hace falta una derivación cardiopulmonar, es decir, un sistema que permita sacar la sangre del paciente y devolverla oxigenada, a parte de controlar los parámetros hemodinámicos y metabólicos del paciente.

Todo esto se consigue gracias a una serie de dispositivos de un solo uso que consiste en un reservorio donde se recoge la sangre, una membrana generalmente fabricada de polipropileno microporoso que permite oxigenar la sangre y eliminar el dióxido de carbono y el sistema de impulsión de la sangre. (figura 5)

Para mantener la temperatura del paciente o enfriarlo (dependiendo del procedimiento quirúrgico) se utiliza un dispositivo externo denominado intercambiador de calor, este dispositivo permite el control de la temperatura corporal calentando y enfriando la sangre que pasa a través del circuito del bypass cardiopulmonar. (figura 6)

El intercambiador de calor está localizado por regla general antes del oxigenador en el circuito de by-pass. Esto reduce el riesgo de producir embolia gaseosa , la cual puede ocurrir cuando se calienta la sangre con los gases menos solubles a alta temperatura.El gradiente entre la temperatura del agua y la sangre está limitado a 5ºC a 10ºC para evitar ese problema.

La temperatura de la sangre no debe superar los 40ºC para reducir el riego de desnaturalización de las proteínas plasmáticas.

La sangre debe ser enfriada aproximadamente a 1ºC por minuto , y recalentada a 0'5ºC por minuto. La temperatura cambia muy rápidamente al principio volviéndose más lento por la naturaleza exponencial de la curva de calentamiento y enfriamiento.

Otro dispositivo importante es el de la denominada cardioplejia, que permite la infusión de una solución (fría o caliente) con componentes diversos que posibilita la parada cardiaca en diástole, así la posibilidad de que el corazón vuelva a latir tras la finalización de la corrección quirúrgica. El enfriamiento o calentamiento de la solución de cardioplegia, corre a cargo también del intercambiador de calor. (figura 7)

La bomba de extracorpórea cuenta además con una serie de sensores que permiten el registro de los parámetros hemodinámicos de flujo y de presión de perfusión, así como sistemas de seguridad que avisan o paran la máquina ante la presencia por ejemplo, de burbujas de aire en el sistema.

El circuito de circulación extracorpórea, está diseñado por lo perfusionistas de cada hospital donde se realizan los procedimientos.

Los perfusionistas son, según la Asociación Española de Perfusionistas, profesionales sanitarios titulados en Enfermería (DUE) cuyo trabajo específico es mantener y controlar la adecuada circulación de la sangre en aquellos pacientes (tanto adultos como niños) intervenidos por lesiones cardiocirculatorias en los cuales es necesario sustituir la función cardiaca y/o pulmonar durante la cirugía.

En definitiva, nos ocupamos de la puesta en marcha, mantenimiento y control de las Técnicas de Circulación Artificial derivadas de cualquier procedimiento médico-quirúrgico que requiera Circulación Extracorpórea. Forman parte, asimismo, de los equipos que aplican tratamientos de quimioterapia localizada en tumores malignos y mantenemos el soporte circulatorio en pacientes sometidos a trasplante hepático y en determinadas intervenciones de neurocirugía.

LA CANULACIÓN CONVENCIONAL

Para el establecimiento de la Circulación extracorpórea, el cirujano cardiovascular coloca una cánula en la aurícula derecha o las venas cavas de forma independiente (dependiendo del procedimiento) para que, por gravedad, pueda derivar la sangre al dispositivo que la va a oxigenar, del mismo modo coloca otra cánula en la aorta ascendente para devolver al paciente la sangre ya oxigenada.

A continuación coloca otra cánula entre la cánula de aorta y la válvula aórtica que permite la infusión de la solución de cardioplejia.

En el circuito existen también una serie de aspiradores que recogen la sangre del campo operatorio y la llevan al oxigenador, evitando así la pérdida hemática durante el procedimiento. (figura 8)

Otro dispositivo importante en el procedimiento de circulación extracorpórea, es el denominado "cellsaver", un dispositivo que aspira la sangre durante la apertura y cierre del paciente y la sangre que sobra tras finalizar el procedimiento, este aparato lava y centrifuga la sangre recogida separando los hematíes rotos, grasa y otros elementos formes de la sangre, lavándola posteriormente y depositándola en una bolsa para la posterior infusión en el paciente. (figura 9)

Para poder establecer la circulación extracorpórea es importante la anticoagulación del paciente generalmente con heparina sódica y se revierte tras el procedimiento con el sulfato de protamina según la concentración de heparina que tiene el paciente al final de la cirugía.

El control respiratorio, metabólico y hematológico del paciente, se consigue con el análisis de sangre arterial y venosa cada cierto tiempo a fin de modificarlos parámetros respiratorios y hemodinámicos de la máquina de circulación extracorpórea.

Una vez que el paciente está canulado, se puede vaciar el corazón, clampar la aorta entre la cánula de la aorta ascendente y la cánula de cardioplejia, parar el corazón y abrir el segmento de aorta excluida de la circulación con el clampaje u otra cavidad cardíaca.

Para finalizar el procedimiento y una vez que el paciente consigue un estado hemodinámico aceptable, procede al cierre de las cavidades que han sido abiertas para realizar la cirugía, retirar las cánulas y cerrar al paciente. (figura 10)

IMÁGENES

IMAGEN Nº 1

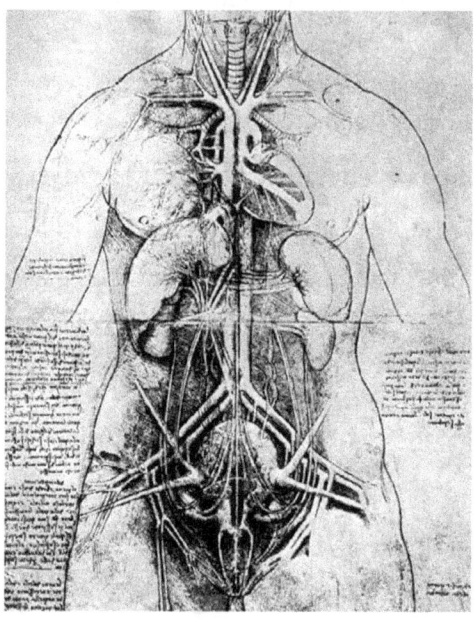

IMAGEN Nº 2

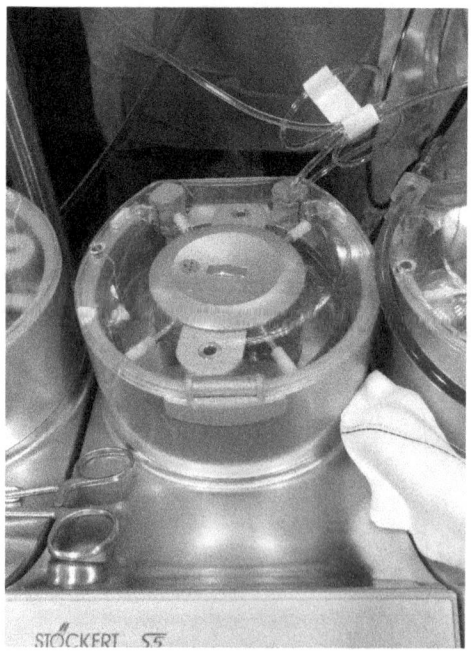

IMAGEN Nº 3

IMAGEN Nº 4

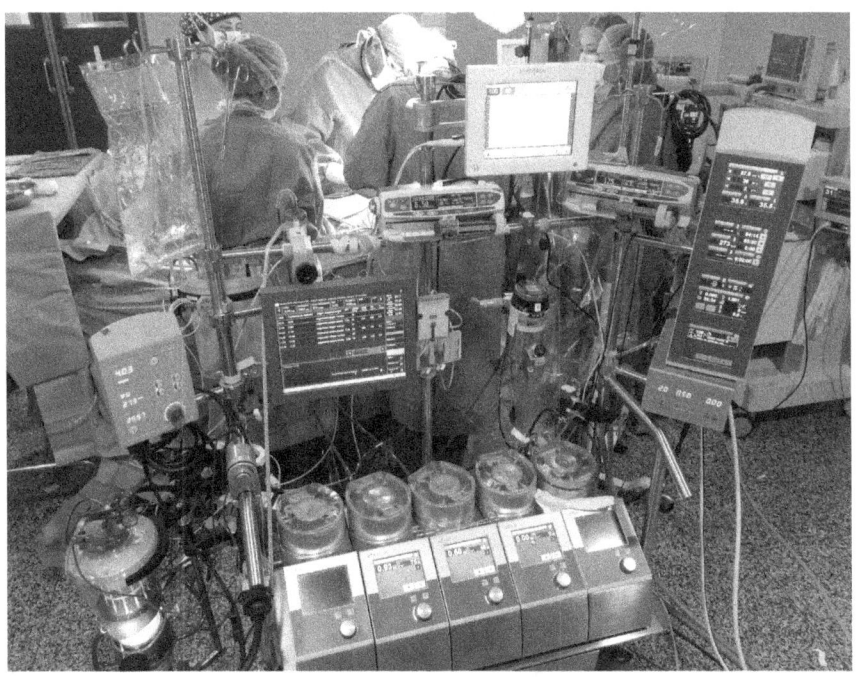

IMAGEN N° 5

IMAGEN N° 6

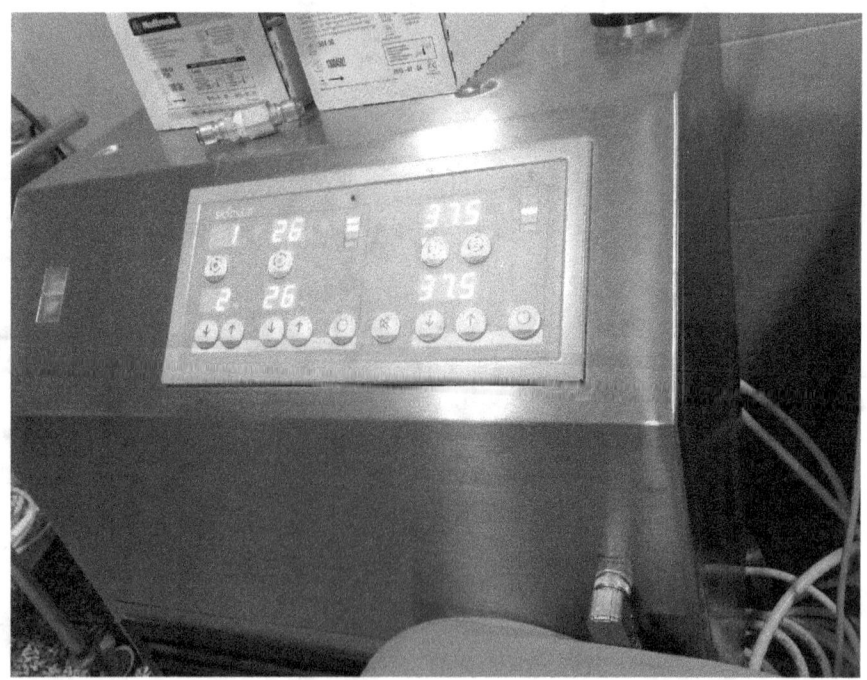

IMAGEN Nº 7

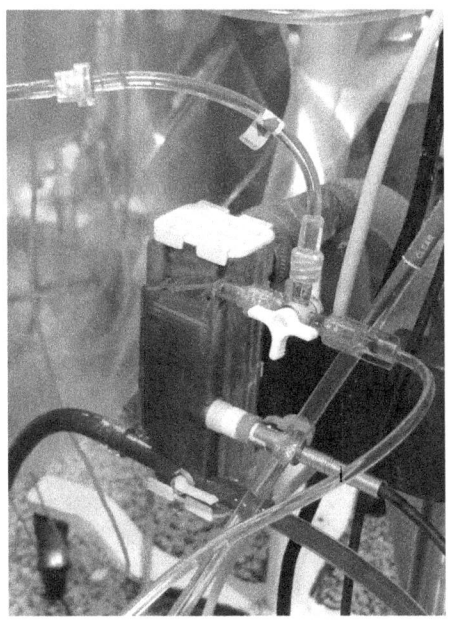

IMAGEN Nº 8

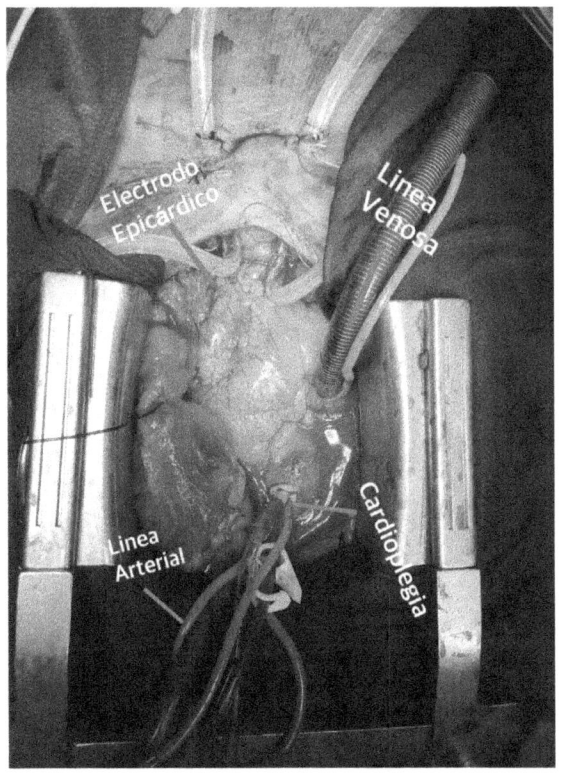

IMAGEN Nº 9

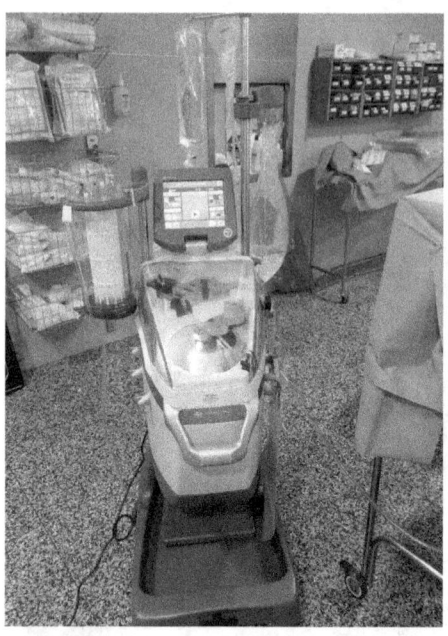

IMAGEN N10

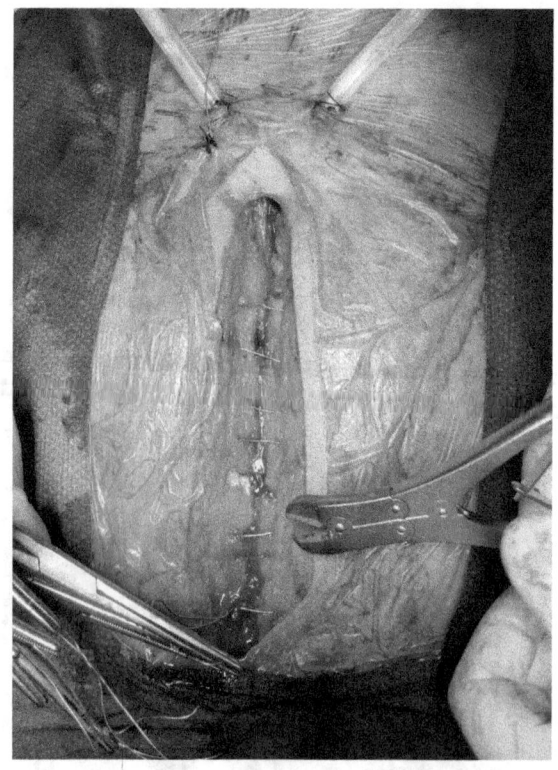

TEMA 1. CASO CLÍNICO NÚMERO 1

José Manuel Vignau Cano, Tomás Daroca Martínez, Diego Macías Rubio

CASO

Varón de 74 años, hipertenso y dislipémico, obeso, fumador de medio paquete de cigarrillos al día y catalogado de EPOC leve, sin antecedentes quirúrgicos. Acude a su médico de atención primaria porque desde hace un año refiere estar cada vez más cansado con sensación de ahogo cuando anda por la calle, comenta que algunas veces junto al cansancio nota opresión torácica que cede con el reposo. Además hace dos meses tuvo un síncope mientras compraba el pan que fue catalogado como cuadro de hipotensión ortostática.

SOSPECHA DIAGNÓSTICA Y ACTITUD

El paciente tiene síntomas que podrían verse justificados con varias patologías: podríamos sospechar un empeoramiento de su EPOC, cardiopatía isquémica, valvulopatía cardíaca o incluso una alteración del ritmo cardíaco.

Un empeoramiento de su EPOC podría justificar el cansancio y sensación de ahogo, y producir alguna molestia torácica. La cardiopatía isquémica también podría justificar toda la sintomatología, el dolor parece muy típico de la angina y además desaparece con el reposo, sin pasar por alto que tiene factores de riesgo cardiovascular que aumentan la probabilidad de padecer lesiones coronarias. La valvulopatía cardíaca podría ser responsable de su clínica, sobre todo la enfermedad de la válvula aórtica. Una arritmia cardíaca como una bradicardia sinusal, un bloqueo aurículo ventricular o una fibrilación auricular permanente puede ser el desencadenante de su sintomatología en determinados pacientes, sobre todo si tiene el antecedente de síncope o presíncope.

El paciente no refiere aumento de la expectoración ni cambio en las características del esputo. No ha aumentado de peso. El dolor torácico es centrotorácico, opresivo, no se irradia hacia ningún lado. El paciente no refiere palpitaciones. El pulso radial es rítmico y con una frecuencia de 68 latidos por minuto. El murmullo vesicular está conservado, sin sibilancias, roncus ni crepitantes. En la auscultación cardíaca parece que se escucha un soplo sistólico que es más intenso en el foco aórtico.

Ante los hallazgos solicitamos pruebas complementarias donde no debería faltar una analítica completa, una radiografía de tórax y un electrocardiograma. Además sospechando la valvulopatía aórtica se solicita una ecocardiografía transtorácica.

La analítica, la radiografía y el electrocardiograma son normales. En la ecocardiografía se diagnóstica de una estenosis aórtica severa. El paciente debería ser derivado al cirujano cardiovascular.

DISCUSIÓN

La estenosis aórtica es la valvulopatía cardíaca más frecuente en todo el mundo, existe una obstrucción a la salida del flujo sanguíneo que eyecta el ventrículo izquierdo, ocurre por una afectación de la válvula que tiene disminuida la apertura y movilidad de los velos. Esta afectación valvular consiste en una fibrosis asociada frecuentemente a calcificación del tejido valvular que actúa como un verdadero tapón en el tracto de salida del ventrículo izquierdo disminuyendo el área valvular. La obstrucción produce una disminución del gasto cardíaco que justifica todos los síntomas que más tarde nombraremos. Además, se produce un remodelado ventricular izquierdo que consiste en una hipertrofia del miocardio con el objetivo de vencer la resistencia que se crea poco a poco a la salida del ventrículo, la hipertrofia predispone a padecer arritmias potencialmente mortales tipo taquicardia o fibrilación ventricular.

La etiología más frecuente de la estenosis aórtica es la degenerativa, ocurre en personas mayores, sobre todo a partir de los 70 años. Parece que tienen más probabilidad de padecerla aquellos que tienen factores de riesgo cardiovascular relacionados con la aterosclerosis como puede ser la hipertensión, la diabetes o la dislipemia. La fibrocalcificación valvular es la lesión característica.

La forma congénita es la siguiente en frecuencia, la válvula aórtica es tricúspide en condiciones normales, la válvula unicúspide o bicúspide es lo que define la causa congénita. Estas válvulas degeneran con más velocidad que las tricúspides y suelen dar clínica en la tercera o cuarta década sobre todo en el caso de las bicúspides. Las unicúspides son mucho menos frecuentes y suelen dar clínica antes, en la infancia o incluso en la lactancia en casos graves.

La etiología reumática es otra causa de estenosis aórtica, puede ser más frecuente que las congénitas sobre todo en países no desarrollados donde la incidencia de fiebre reumática es mayor. La fusión de las comisuras de la válvula es la lesión que la reconoce. Suele ir asociada a la afectación de otras válvulas cardíacas.

La evolución natural de la estenosis aórtica severa sintomática es la muerte del paciente si no se corrige. La muerte ocurre por insuficiencia cardíaca o por muerte súbita, ésta última es más probable que ocurra por fibrilación ventricular.

La clínica que define a la estenosis aórtica es la angina, el síncope y la disnea. Pueden aparecer los tres síntomas, dos o sólo uno. La presencia de síncope o angina indica cirugía precoz ya que la media de supervivencia suelen ser dos o tres años desde que aparecen. La presencia de signos y/o síntomas de insuficiencia cardíaca congestiva como el edema agudo de pulmón, la disnea paroxística nocturna o la hipertensión pulmonar, indican una estenosis aórtica evolucionada que también aconsejan cirugía precoz.

El diagnóstico de la estenosis aórtica es clínico y se confirma con una ecocardiografía. La presencia de síntomas y/o un soplo sistólico en foco aórtico justifican la solicitud de dicha prueba.

En la ecocardiografía doppler se observa una válvula fibrocalcificada con limitación en la apertura y movilidad de los velos. Se suele observar hipertrofía miocárdica concéntrica. El área valvular está disminuida y los gradientes entre ventrículo izquierdo y aorta están elevados.

Es importante recordar que la hipertrofia miocárdica produce un defecto de la relajación del ventrículo que se traduce en una insuficiencia cardíaca diastólica, por lo que estos pacientes toleran muy mal cuando sufren fibrilación auricular y pierden la contribución de la aurícula a la precarga del ventrículo izquierdo.

El tratamiento más eficaz que existe actualmente para la estenosis aórtica severa es la sustitución de la válvula por una prótesis.

La indicación de sustitución valvular se basa en criterios clínicos y ecocardiográfcos. La presencia de síntomas es el factor más importante para indicar cirugía en paciente catalogado de estenosis aórtica. La presencia de criterios ecocardiográficos de estenosis aórtica severa no indican obligatoriamente cirugía si no existen síntomas. En pacientes asintomáticos que tienen estenosis aórtica severa estaría justificada la sustitución valvular en los siguientes casos:

-   Perdida de fracción de eyección menor al 50%.

-   Si existe indicación de cirugía cardíaca por otra razón.

-   La presencia de hipertrofia miocárdica severa.

-   Gradientes severamente elevados.

Los criterios ecocardiográficos que definen a una estenosis aórtica como severa son los siguientes:

- Gradiente transvalvular medio superior a 40 mm/Hg.
- Área valvular inferior a 1 cm cuadrado.

Entre las pruebas diagnósticas que un paciente con estenosis aórtica debe realizarse antes de intervenirse no debe faltar una coronariografía y una aortografía. Los pacientes con estenosis aórtica pueden asociar lesiones coronarias. Son pacientes que suelen tener factores de riesgo cardiovascular para cardiopatía isquémica. Además, los síntomas que produce una estenosis aórtica también lo produce la cardiopatía isquémica de manera aislada, por lo que sin realizar una coronariografía nadie puede descartar que existan lesiones coronarias que justifiquen, enmascaren o agraven los síntomas de la estenosis aórtica. La aortografía es aconsejable para descartar patología de la raíz y aorta torácica ascendente (que ya veremos en otros temas).

Para sustituir la válvula aórtica normalmente se realiza una esternotomía media, es necesario parar el corazón y abrir la aorta ascendente para poder visualizar la válvula enferma (Imagen 1 y 2). Una vez expuesta la válvula se recortan los velos enfermos dejando sólo el anillo de la válvula. Se utiliza un medidor para saber el diámetro del anillo aórtico y elegir así el tamaño de prótesis adecuado que debemos implantar (Imagen 4 y 5).

Se van dando puntos que se van pasando por el anillo aórtico y después por el anillo de la prótesis, la prótesis es anudada al anillo aórtico quedando fija en el tracto de salida del ventrículo izquierdo (Imagen 3, 6 y 7).

La sustitución valvular aórtica tiene muy buenos resultados y una baja mortalidad quirúrgica.

Existen otras técnicas que son capaces de implantar una prótesis biológica en posición aórtica sin quitar la válvula nativa, se realiza con otras vías de abordaje y serán explicadas detenidamente en otro tema.

IMÁGENES:

IMAGEN Nº1 y Nº2: Podemos observar la diferencia entre una válvula normal trivalva con velos finos, flexibles, y una válvula estenótica con los velos engrosados, fibrosados, calcificados y en este caso bicúspide.

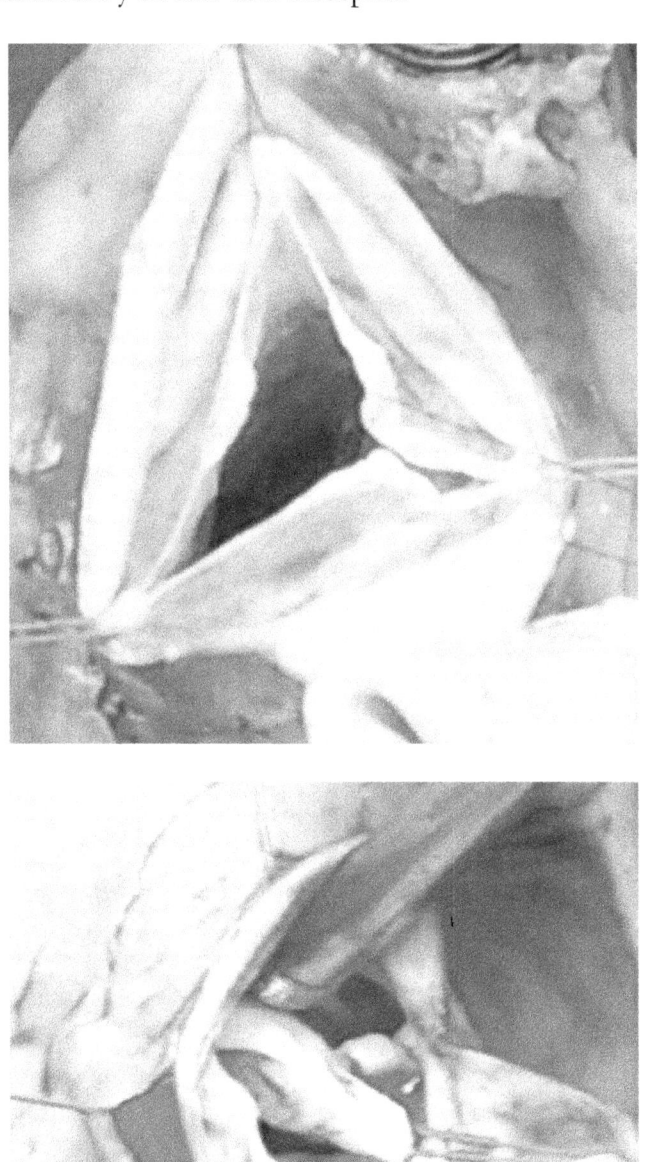

IMAGEN Nº 3: Anillo aórtico con todos los puntos dados.

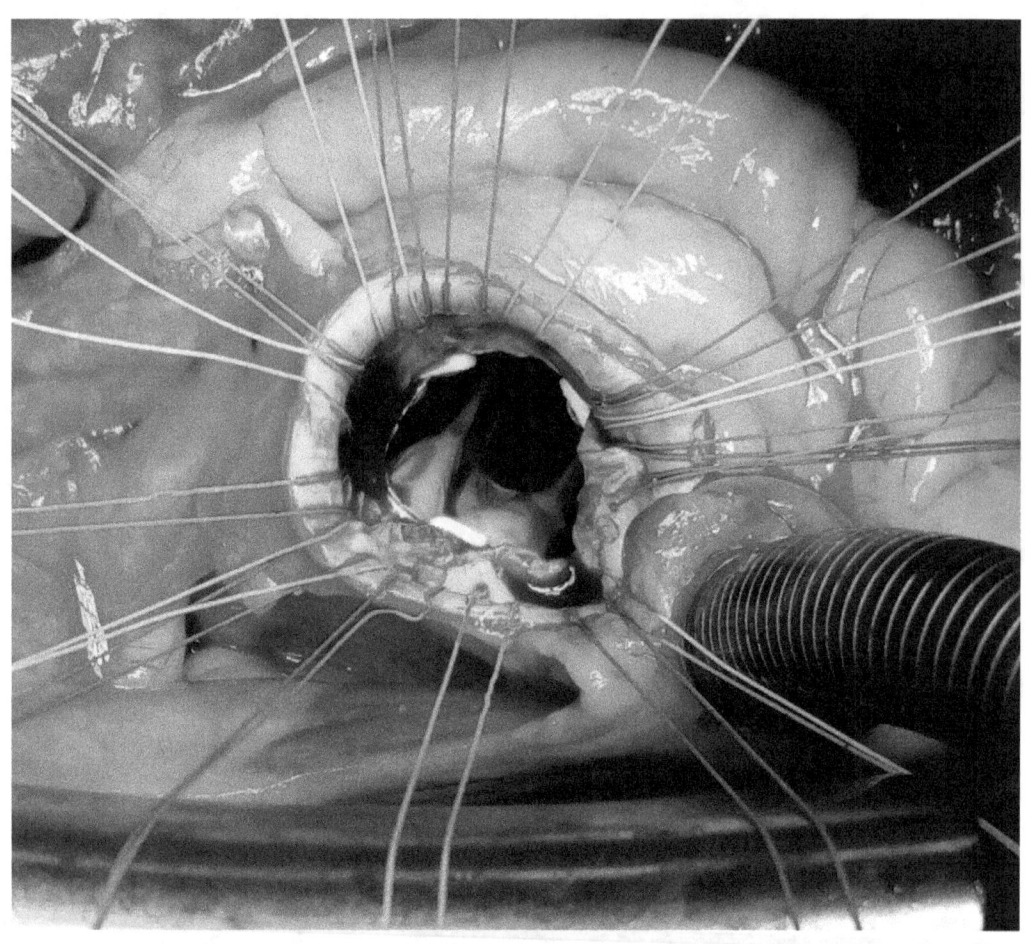

IMAGEN Nº4 Y Nº5: Medición del anillo aórtico.

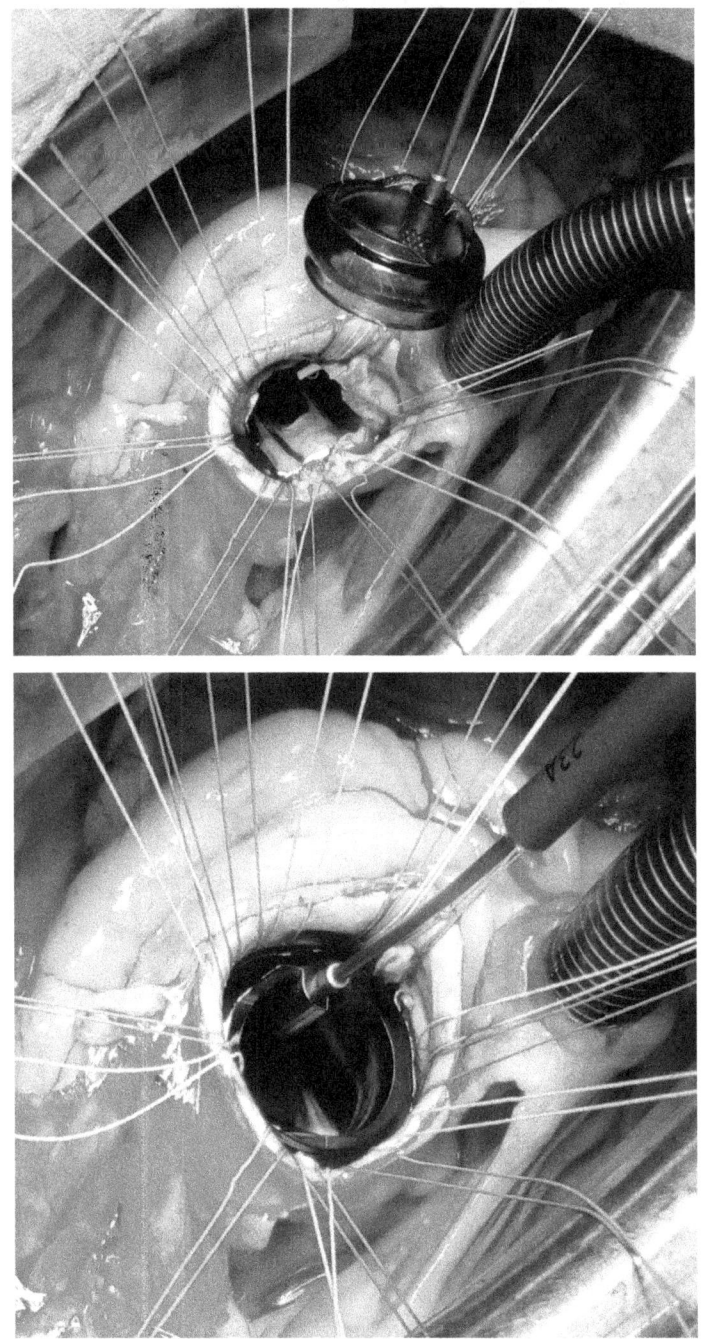

IMAGEN Nº6: Pasamos los puntos del anillo aórtico por el anillo de la prótesis.

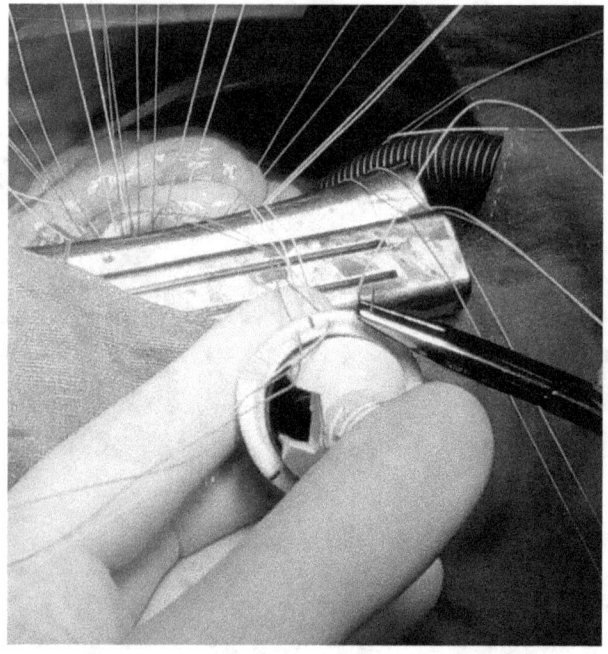

IMAGEN Nº7: Prótesis mecánica implantada en posición abierta.

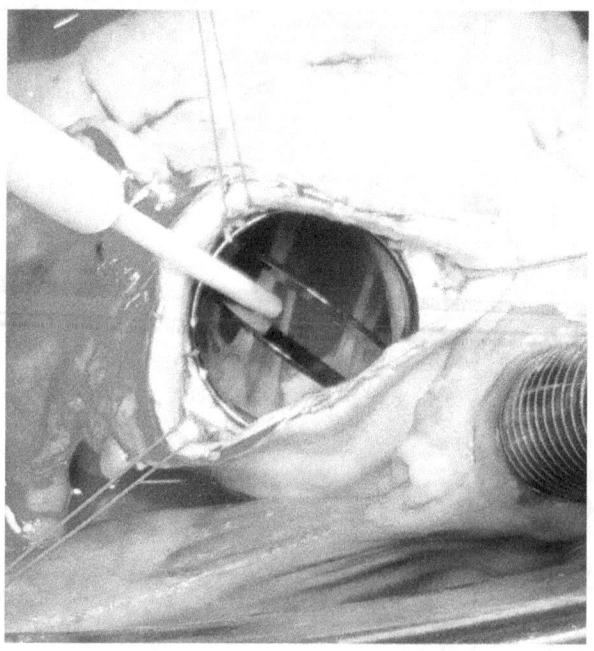

TEMA 2. CASO CLÍNICO NÚMERO 2

Nora García Borges, Alfredo López González.

CASO

Mujer de 64 años, en contacto laboral con amianto, fumadora de 1 paquete de cigarros diarios, hipertensa, que acude al médico de cabecera por hemoptisis esta última semana. Además refiere encontrarse más fatigada y con disnea que ha avanzado hasta hacerse de mínimos esfuerzos durante este año. Cuenta también pérdida de peso que no sabe precisar. Refiere haber estado en urgencias hace dos semanas por una arritmia, que según ella, lograron controlar.

SOSPECHA DIAGNÓSTICA Y ACTITUD

La paciente presenta síntomas que podrían explicar varias patologías: asbestosis, cáncer de pulmón, bronquiectasias, una valvulopatía cardíaca.

Los antecedentes de tabaquismo, la disnea y la pérdida de peso, podrían hacernos pensar en cáncer de pulmón o bronquiectasias. Asimismo, si unimos lo anterior al contacto con el amianto, se puede sospechar que se trata de una asbestosis. La valvulopatía cardíaca, como la estenosis mitral, podría justificar toda la clínica de la paciente, sobre todo si prestamos atención a la secuencia temporal de la clínica, que se explica por la fisiopatología de esta enfermedad, como veremos más adelante.

La paciente no cuenta tos, ni dolor torácico, ni pérdida de apetito, ni ruidos respiratorios, que podrían hacer que nos inclinarámos por la patología pulmonar. Además, en la exploración física encontramos una auscultación pulmonar limpia, pero en la auscultación cardíaca escuchamos un soplo sistólico en foco mitral, precedido de un chasquido de apertura, que se irradia a la axila.

Al unificar la clínica y la exploración física de la paciente se solicitan las pruebas complementarias que confirmen el diagnóstico, incluyendo una analítica, una radiografía de tórax y un electrocardiograma, pero sobre todo una ecocardiografía transtóracica. Esta última prueba objetiva una estenosis mitral severa, por lo que se debe remitir a la paciente a Cirugía Cardiovascular.

DISCUSIÓN

La estenosis mitral es una de las valvulopatías más frecuentes, donde existe una obstrucción al paso de sangre de aurícula izquierda a ventrículo izquierdo, y por tanto menos flujo de sangre a la circulación general y menor gasto cardíaco. Esa obstrucción está causada por el estrechamiento del orificio de la válvula mitral (imagen nº1).

El corazón se defiende ante ello con un aumento de la importancia de la función de la aurícula izquierda que tiene que ejercer más fuerza para superar este tapón, produciendo una dilatación de la aurícula izquierda aunque a veces produce una hipertrofia .

Ese aumento de presiones en la aurícula izquierda se transmite hacia detrás, donde están los pulmones, por lo que también aumentan las presiones pulmonares hasta producir lo que llamamos hipertensión pulmonar. La hipertensión pulmonar severa es muy característico de las estenosis mitrales y es la razón de que pueda existir hemoptisis en estos pacientes. Si la hipertensión pulmonar se mantiene podemos llegar a una insuficiencia cardíaca derecha por sobrecarga.

La dilatación auricular predispone a la aparición de fibrilación auricular, en el caso de que aparezca el paciente puede empeorar de manera repentina por perdida de la contribución auricular al llenado ventricular.

La etiología más frecuente de estenosis mitral es la fiebre reumática, que deja como secuelas en la válvula una rigidez del tejido valvular, fusión comisural y acortamiento de las cuerdas tendinosas. Como es lógico, tienen más riesgo de presentarla aquellos con antecedentes de fiebre reumática en la infancia. La fusión de las comisuras es la lesión característica.

La siguiente en frecuencia entre las causas no reumáticas de estenosis mitral es la degenerativa que se caracteriza por la calcificación del anillo mitral, y es típica de los pacientes ancianos.

La forma congénita es menos habitual, destacando lo que se denomina válvula en paracaídas, porque sólo hay un músculo papilar al que se unen todas las cuerdas tendinosas.

La evolución natural de la estenosis mitral severa sintomática es la muerte si no se corrige, pudiendo ocurrir por insuficiencia cardíaca refractaria a tratamiento médico, por la descompensación secundaria a la fibrilación auricular o por embolismo periférico o pulmonar. Esta última causa es la razón de que los pacientes con estenosis mitral deban estar anticoagulados aunque no estén en fibrilación auricular.

La clínica de la estenosis mitral suele aparecer de forma insidiosa, con fatiga y disnea de esfuerzo al principio. Luego va evolucionando a ortopnea y disnea paroxística nocturna. Cuando ya aparecen signos y/o síntomas de insuficiencia cardíaca derecha (hepatomegalia, edemas en miembros inferiores, etc) indican que la estenosis mitral ya está muy evolucionada.

El diagnóstico de esta patología se realiza con la historia clínica y la exploración, y se confirma con la ecocardiografía. La presencia de síntomas como la disnea de mínimos esfuerzos o el hallazgo en la exploración del típico soplo de la estenosis mitral que se caracteriza por ser un soplo sistólico con una especie de chasquido de apertura previo, son indicaciones para realizar la ecocardiografía. En el electrocardiograma podemos encontrar una onda P ancha y hendida (en forma de

M), y en estadios avanzados, una fibrilación auricular. En la radiografía de tórax podemos encontrar un agrandamiento de la aurícula izquierda, prominencia de las arterias pulmonares y congestión de los pulmones, datos que, sin embargo, pueden estar ausentes y son inespecíficos.

La ecocardiografía, como se ha mencionado anteriormente, es la prueba obligada para el diagnóstico de estenosis mitral, al igual que para el resto de valvulopatías. El grado de severidad de la estenosis se mide a través del área u orificio de la válvula mitral, considerando como estenosis mitral severa un área menor o igual a 1cm2. Además, también se mide el gradiente entre la aurícula izquierda y ventrículo izquierdo, que suele estar elevado, y el gradiente de presión sistólica en la válvula tricúspide que nos va a ayudar a conocer la presión en los pulmones. También se evalúa con esta prueba la función de los ventrículos, la afectación de otras válvulas (algo bastante común en la etiología reumática), la morfología de la válvula, entre otras cosas.

En el caso de que exista una discrepancia entre la clínica del paciente y los hallazgos en la ecocardiografía, por ejemplo un paciente con disnea a mínimos esfuerzos y una estenosis moderada en la ecocardiografía o al revés, se debe hacer una valoración del estado hemodinámico del paciente ante una situación de estrés, bien por ecocardiografía o bien por cateterismo.

El tratamiento más eficaz de la estenosis mitral es el quirúrgico, mediante la implantación de una nueva prótesis valvular. El tratamiento médico tiene como objetivo aliviar los síntomas: con diuréticos para disminuir la congestión pulmonar; controlando la fibrilación auricular cuando aparece e intentando revertir a ritmo sinusal; con prevención de embolismo en aquellos pacientes con fibrilación auricular o con antecedentes de embolismo.

Existen dos principales alternativas de tratamiento intervencionista: la valvuloplastia percutánea con balón (CMP) y la cirugía (comisurotomía mitral abierta o sustitución valvular). El tratamiento de primera elección, siempre que sea posible, es la valvuloplastia mitral (imagen n°2). La indicación para realizar dichas intervenciones está marcada por la clínica del paciente. No necesariamente una ecocardiografía que diagnostique a un paciente de estenosis mitral severa es indicación de tratamiento, si no presenta síntomas. Las contraindicaciones de valvuloplastia con balón son las siguientes:

- Presencia de trombos en aurícula izquierda a pesar de la anticoagulación.

- Presencia de insuficiencia mitral moderada-severa.

- Calcificación importante del anillo mitral.

- Fibrosis y engrosamiento severos del aparato subvalvular.

Los criterios ecocardiográficos que definen la estenosis mitral como severa son:

- Área valvular menor o igual de 1 cm2.

- Gradiente transvalvular mitral mayor de 10 mmHg.

En la estenosis mitral moderada se pude considerar intervención, siempre en el caso de que sea posible la valvuloplastia cuando el paciente está asintomático y se cumplen algunos de los siguientes supuestos:

- Aparición de sintomatología con las pruebas de estrés.

- Hipertensión pulmonar severa en reposo o estrés.

- Historia de tromboembolismo.

- Aurícula izquierda de gran tamaño.

- Aparición reciente de fibrilación auricular.

- Evidencia de disfunción del corazón derecho.

-        Alto riesgo para la cirugía.

.

En el tratamiento quirúrgico de la estenosis mitral el abordaje habitual es a través de una esternotomía media, como en la mayoría de las cirugías cardíacas. Otras opciones son la toracotomía anterolateral derecha, toracotomía posterolateral izquierda o la minitoracotomía, implicando todas ellas una mayor dificultad técnica. Se abre el pericardio y se colocan las tracciones necesarias para permitir una mayor visibilidad. Se colocan las cánulas de la circulación extracorpórea, como en la mayoría de las cirugías cardíacas, con la línea arterial en la aorta y la línea venosa bien única en la aurícula derecha o bien doble en la cava superior e inferior si existen posibilidades de llegar a la válvula mitral por vía aurícula derecha.

Además, se colocan las cánulas para el transporte de la cardioplejía, encargada de la protección miocárdica y parar el corazón, en la aorta ascendente para el transporte anterógrado y en el seno coronario para el sentido retrógrado. Después se coloca un clamp en la aorta entre la línea arterial y la canula de cardioplejia anterógrada, de esta forma se mantiene el corazón parado y protegido, el campo quirúrgico libre de sangre que permita visualizar la implantación de prótesis y el resto del cuerpo recibiendo sangre con oxígeno como si el corazón estuviese latiendo gracias a la máquina de circulación extracorpórea.

La forma más común de llegar a la válvula mitral, sobre todo en el caso de aurículas izquierdas grandes, es a través de una incisión paralela al surco de Sondergaard o interauricular, que como su nombre indica se encuentra entre las dos aurículas, en su cara posterior. Si nos encontramos ante una aurícula izquierda pequeña, se puede llegar a la válvula mitral por la aurícula derecha a través del tabique interauricular.

La comisurotomía mitral abierta consiste en seccionar las comisuras, sin llegar al anillo mitral, conservando al máximo su anatomía. Si al realizar esto aparece insuficiencia mitral se puede implantar un anillo para su reparación. Cuando encontramos retracción de los músculos papilares o fusión de las cuerdas tendinosas, es aconsejable llevar a cabo una sustitución valvular.

Hoy en día se aboga por el método de sustitución denominado técnica de sustitución con preservación de cuerdas, con el objetivo de preservar el máximo de aparato subvalvular posible, ya que se ha comprobado que esto tiene mejor resultado en la función ventricular izquierda. En el caso de la estenosis mitral reumática es difícil conservar las cuerdas ya que están muy acortadas y fibrosadas siendo necesario cortarlas para poder implantar una prótesis.

En cuanto a la sustitución valvular, se debe prestar especial atención a la fijación segura de la prótesis, evitando dañar las estructuras adyacentes, entre las que se encuentran la arteria circunfleja (arteria del corazón que aporta sangre a su cara lateral sobre todo) dentro de lo que se denomina surco auriculoventricular, la orejuela izquierda, la válvula aórtica cuya valva no coronaria está en continuidad con la valva anterior mitral (es lo que se llama continuidad mitroaortica), y el nodo auriculoventricular que forma parte del sistema de conducción de estímulos del corazón. Además, como ya se ha mencionado, la preservación de las cuerdas tendinosas con sus correspondiente músculos papilares, ha demostrado que mejora la función del ventrículo izquierdo, sobre todo porque preserva la forma cónica de dicho ventrículo, que es lo que ayuda a mantener un buen gasto cardíaco.

Las técnicas de implantación de las prótesis valvulares varían según si son biológicas o mecánicas. En las bioprótesis se ha comprobado que los resultados de sujeción son mejores cuando se implantan con las suturas colocadas de ventrículo a aurícula izquierda, lo que se denomina técnica subvalvular o no evertiente. En lo que se refiere a prótesis mecánicas, sobre todo las de doble disco, las más utilizadas, se opta por técnica evertiente, es decir, colocar las suturas de aurícula hacia ventrículo (imagen nº 3, 4, 5 y 6). Esta técnica tiene menor riesgo de interferencia de los tejidos en la función de la prótesis mecánica, lo que es importante si se realiza preservación de tejido valvular.

La elección entre los dos tipos de prótesis valvulares disponibles, las mecánicas o las biológicas, como en el resto de las sustituciones de otras válvulas cardíacas, depende generalmente de la edad del paciente y de si existe o no alguna contraindicación para la anticoagulación crónica. En pacientes menores de 65 años, pacientes con fibrilación auricular crónica o aquellos que no quieren ser reintervenidos, se opta por las prótesis mecánicas. En cambio, en pacientes mayores de 65 años y pacientes con alguna contraindicación para la anticoagulación, se eligen la bioprótesis. Las principales complicaciones de las prótesis valvulares dependen de su tipo. En las mecánicas destacan el riesgo de hemorragia relacionado con la anticoagulación y el riesgo de tromboembolismo, que es mayor en este tipo de prótesis. En las bioprótesis destaca por supuesto el deterior estructural de la misma, con el riesgo de reintervención que ello conlleva.

Otra complicación importante de las prótesis valvulares es la fuga periprotésica, relacionada con errores técnicos durante la implantación, tejidos de mala calidad, o una calcificación severa del anillo. Esta fuga puede producir una anemia hemolítica, en la que el paso de la sangre por la prótesis dañan los glóbulos rojos, y que puede requerir reintervención en pacientes muy sintomáticos con necesidad de trasfusiones sanguíneas frecuentes. La incidencia de fuga perivalvular hoy en día es muy baja, debido al avance en las técnicas quirúrgicas y al uso de suturas apoyadas en teflón, que minimiza el daño del punto en el anillo.

La endocarditis de la prótesis mitral es otra complicación muy temida por el riesgo vital de la reintervención.

El mismatch o desproporción prótesis-paciente, es la implantación de una prótesis de pequeño tamaño para los requerimientos de gasto cardíaco del paciente. Aparece cuando el área del orificio valvular mitral es menor de 1,3 cm cuadrado por metro de superficie corporal del paciente, creando un gradiente a través de la prótesis elevado. Esto aumenta el riesgo de insuficiencia cardíaca congestiva postoperatoria. Además, a diferencia de la válvula aórtica, en la mitral no se puede ampliar artificialmente el área del anillo. Por ello hay que prestar atención en el caso de anillos mitrales de pequeño tamaño a la hora de elegir prótesis, aunque a veces hay que asumir como inevitable algún grado de mismatch.

En cuanto a los resultados de los procedimientos, la valvuloplastia percutánea generalmente produce un aumento del área valvular prácticamente en un 100% de los casos. La tasa de mortalidad puede llegar hasta el 4%, y entre las complicaciones, encontramos el embolismo, el hemopericardio o la insuficiencia mitral severa. La comisurotomía mitral abierta se realiza excepcionalmente hoy en día. El éxito de la cirugía de sustitución valvular depende del estado clínico del paciente previamente, de la función del ventrículo izquierdo, de la severidad de la hipertensión pulmonar, de la edad y de la presencia de enfermedad coronaria concomitante.

IMÁGENES:

IMAGEN Nº1: estenosis mitral severa donde se observa un área reducida del orificio valvular.

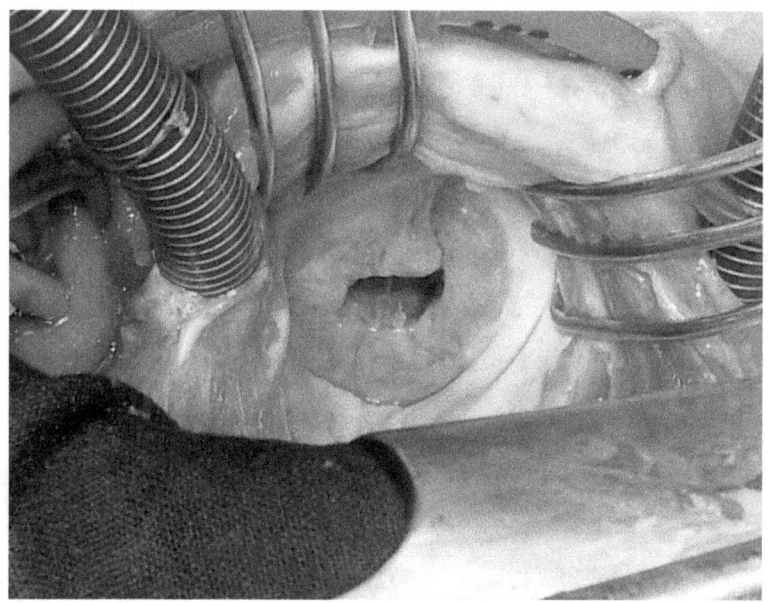

IMAGEN Nº2: dilatación de una estenosis mitral con balón (valvuloplastia).

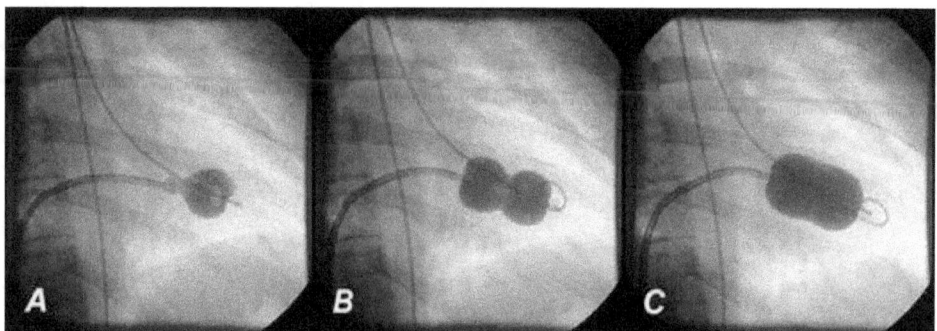

IMAGEN Nº3, 4, 5 y 6: válvula mitral recortada, sólo queda el anillo mitral preparado, se implantan puntos apoyados en toda su circunferencia, los puntos se pasan por el anillo de la prótesis (mecánica en este caso) y luego se anudan.

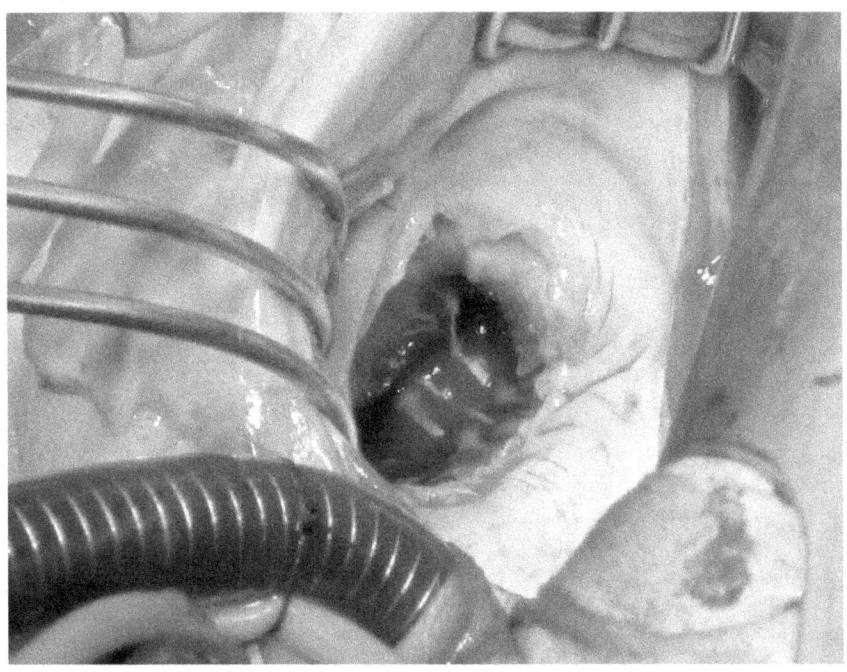

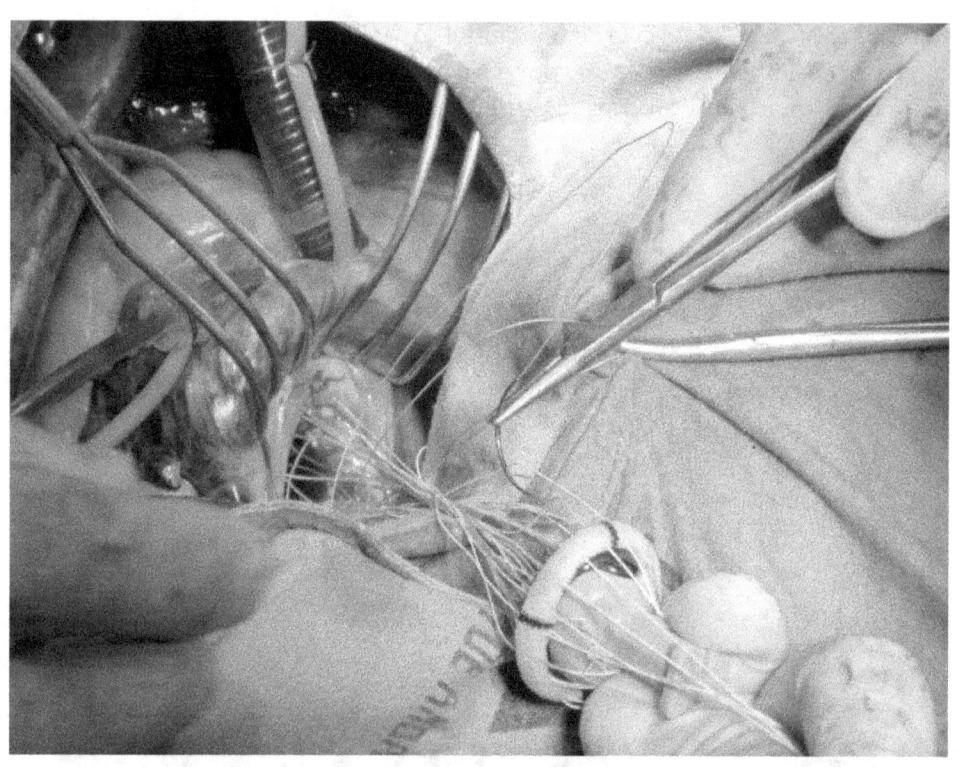

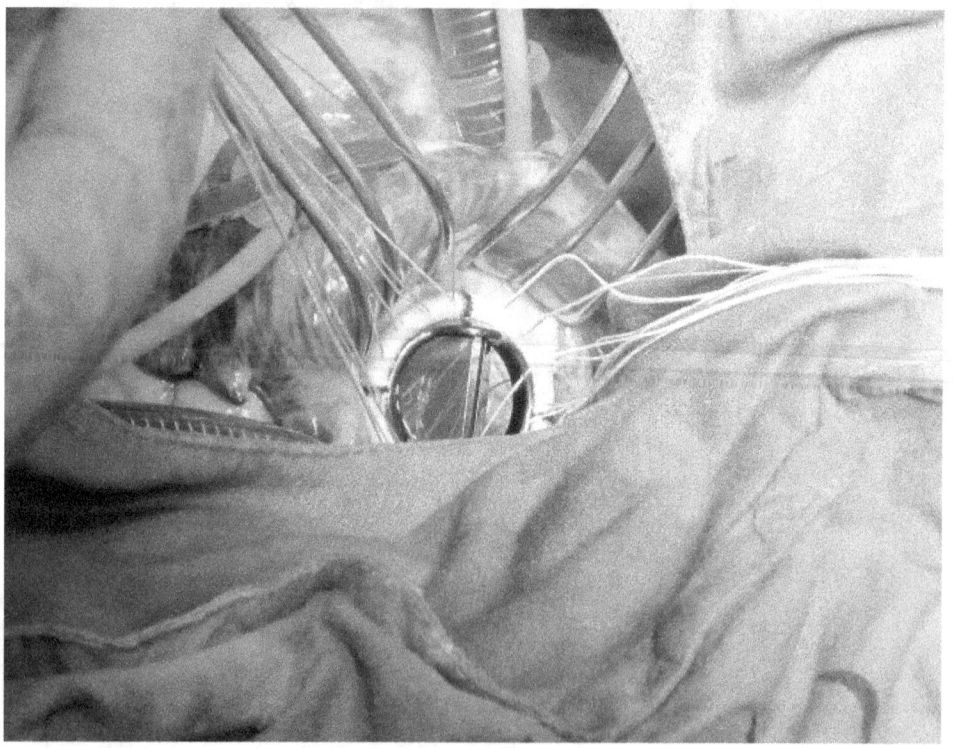

TEMA 3. CASO CLÍNICO NÚMERO 3

Aníbal Bermúdez Garcíal, M. Ángeles Martín Domínguez, Nora García Borges.

CASO

Varón de 86 años, hipertenso y diabético, enfermedad pulmonar obstructiva crónica, padece de claudicación intermitente, antecedente de ictus isquémico hace 6 años sin apenas secuelas neurológicas. Hace una vida relativamente independiente, necesita ayuda para ciertas tareas como el aseo personal. Desde hace unos meses le comenta a su hija que se siente muy cansado con cualquier actividad y le falta el aire. Su hija no le ha hecho mucho caso y piensa que es normal para su edad. Esta noche ha tenido una agudización de su clínica, le ha faltado el aire en reposo y no ha tolerado acostarse por lo que ha estado toda la noche en una butaca. Ante los hallazgos , la hija acude a urgencias con su padre.

SOSPECHA DIAGNÓSTICA Y ACTITUD

Parece que la primera sospecha diagnóstica en un paciente con esta edad y esta clínica es la patología cardíaca valvular, y la primera que debemos sospechar es la estenosis aórtica por frecuencia.

En cuanto realizamos una auscultación percibimos un soplo muy llamativo en foco aórtico que confirma la sospecha junto a la ecocardiografía.

Se realiza una hoja de consulta para valorar las posibilidades terapeúticas de la estenosis aórtica en este paciente, se presenta en sesión clínica y es rechazado para cirugía convencional.

El paciente se propone como candidato para implantación de prótesis aórtica transcatéter y es aceptado implantándose una prótesis aórtica transapical.

DISCUSIÓN

La patología cardíaca quirúrgica en determinados pacientes con mucho riesgo y/o con mucha edad es un reto actualmente. La demanda de la sociedad y de los pacientes obliga a buscar alternativas a la cirugía cardíaca convencional. El aumento de la esperanza de vida y de la patología cardiovascular se traduce en un aumento de los pacientes con patología valvular que solicitan una solución para su dolencia.

La cirugía de sustitución valvular es una cirugía de gran eficacia, con unos resultados funcionales muy buenos. Desgraciadamente, la cirugía clásica supone un esternotomía media y una parada cardíaca de tiempo variable dependiendo del caso. Esta cirugía supone un trauma quirúrgico que no todo el mundo puede superar. Es por ello que determinados pacientes son rechazados para cirugía ya que la probabilidad de muerte es excesivamente alta.

Los pacientes ancianos (sobre todo a partir de 75 años) suelen ser pacientes con patología no cardíaca asociada (patología renal, pulmonar, vascular, etc), lo que aumenta el riesgo quirúrgico a veces de manera prohibitiva. Otras veces los pacientes no tiene morbilidad asociada pero tienen una fragilidad que también limita la cirugía clásica. En otras ocasiones, la cardiopatía está muy evolucionada, asociada a una fracción de eyección muy baja o hipertensión pulmonar muy severa.

Actualmente la edad (como único factor de riesgo) no es un factor limitante para la cirugía convencional. Por ejemplo, hay pacientes con 80 años sin ninguna patología asociada con buen estado físico que se puede operar de manera clásica con muy bajo riesgo, sin embargo hay pacientes con 65 años con mucha patología asociada que tienen un riesgo quirúrgico muy alto.

Para calcular el riesgo quirúrgico de un paciente en cirugía cardíaca se utilizan los scores de riesgo.

Los scores de riesgo para cirugía cardíaca son herramientas que utilizan los cirujanos cardíacos y los cardiólogos para estimar la probabilidad de muerte y/o complicación que un paciente puede tener durante la intervención o en el postoperatorio. Sirven para calcular el riesgo-beneficio de una intervención. No son herramientas exactas, sólo sirven para hacer una estimación del riesgo. Son capaces de decir cuántos pacientes de cada 100 (con los mismos factores de riesgo) no superarán la intervención y/o se complicarán. Es decir, sólo estiman una probabilidad pero son incapaces de decir a que paciente le va a ocurrir. Con estos scores y una evaluación personalizada, el cirujano es capaz de asesorar al paciente y dar una opinión más objetiva y científica sobre el riesgo de la intervención.

En estos scores o escalas se evalúan factores de riesgo, cada uno tiene un valor, al final se realiza una suma de las puntuaciones y se estima un porcentaje. Estos factores son la edad, el sexo, la enfermedad renal, la arteriopatía periférica, la enfermedad pulmonar, la hipertensión pulmonar, la emergencia, la fracción de eyección del ventrículo, si es una reoperación, etc. Hay factores de riesgo y situaciones personales que en algunas escalas de riesgo no se recogen como es la obesidad y la fragilidad del paciente, factores muy importantes y que por si mismos pueden ser responsables del fracaso de una intervención. Es por ello que el asesoramiento y la opinión del cirujano es imprescindible ya que cada paciente es diferente.

Actualmente las escalas de riesgo más utilizadas son el Euroscore (http://www.euroscore.org/calcsp.html) y el STS RiskCalculator (http://riskcalc.sts.org/stswebriskcalc/#/).

Hoy en día existe la posibilidad de ofrecer a los pacientes que tienen estenosis aórtica y scores de riesgo muy alto rechazados para cirugía convencional o inoperables, la implantación de una prótesis aórtica transcatéter.

La implantación de una prótesis aórtica transcatéter, también conocida como TAVI (Transcatether Aortic Valve Implantation) es una prótesis que se implanta sin sutura, la prótesis es biológica (imagen nº 1 y nº 2) y va plegada en un dispositivo que permite la introducción de la prótesis a través de la arteria femoral (TAVI transfemoral) o a través de la punta del corazón (TAVI transapical).

Existen vías alternativas como es la implantación a través de la aorta o de la subclavia.

La prótesis es desplegada dentro de la válvula nativa enferma, previamente la válvula nativa es dilatada con un balón, las prótesis pueden ser autoexpandibles o balónexpandibles.

Lo primero que hay que saber es que la TAVI no está exenta de riesgo ni de complicaciones. Tiene una mortalidad similar o incluso mayor a la de la cirugía convencional según series. Durante la implantación de una TAVI se puede producir hemorragias incoercibles, lesiones vasculares, infartos cerebrales por embolismos de material calcificado desprendido de la válvula aórtica enferma o de la aorta durante la manipulación, fibrilación ventricular, rotura de aorta o de anillo aórtico, etc.

Otra posibilidad de la TAVI es implantar estas prótesis dentro de otras prótesis biológicas previamente implantadas, con ello es posible evitar la reoperación en pacientes con bioprótesis degeneradas con indicación de recambio, evitando así el riesgo de una reintervención.

La TAVI está contraindicada en los siguientes casos:

- Esperanza de vida menor a 1 año.

- Otras valvulopatías que justifiquen la clínica y que sólo puedan ser tratadas con cirugía.

- Existencia de otras enfermedades que no permitan una calidad de vida a pesar del tratamiento de la estenosis aórtica.

- Anillo aórtico o muy grande o muy pequeño.

- Trombo en ventrículo izquierdo.

- Endocarditis activa.

- Alto riesgo de obstrucción de ostium coronario.

Los pacientes que son candidatos a una TAVI deben realizarse una serie de pruebas para decidir si no tienen contraindicación y elegir la vía de implantación más adecuada. Las pruebas incluyen una ecocardiografía preferiblemente transesofágica, un angioTC toracoabdminal hasta la arterias femorales y una coronariografía.

En principio la vía de elección es la vía transfemoral, para ello debe existir una vía arterial con diámetro adecuado, sin muchas calcificaciones ni tortuosidades. (imagen nº 3)

En caso contrario se opta por la vía transapical.   El caso que hemos presentado es un paciente que tiene un Euroscore de 22,57%. Normalmente los pacientes mayores con estenosis aórtica y Euroscore mayor al 20% son candidatos a TAVI.

Como comentamos en la presentación, el paciente tiene claudicación intermitente, tras realizarse el angioTC se observa una arteriopatía obstructiva bilateral que afecta ilíacas y femorales imposibilitando la implantación por los miembros inferiores, se opta por la vía transapical.

La vía transapical conlleva realizar una minitoracotomía izquierda, por debajo del pezón, normalmente un cuarto espacio intercostal (imagen nº 4). Tras la disección de los tejidos se consigue llegar a la punta del corazón donde se realizan bolsas de tabaco en el ventrículo izquierdo, a través de ellas se introduce un vaina con una prótesis montada que llega hasta la válvula aórtica y allí se libera. (imagen nº 5, 6 y 7)

IMÁGENES

IMAGEN Nº 1 Y Nº 2

 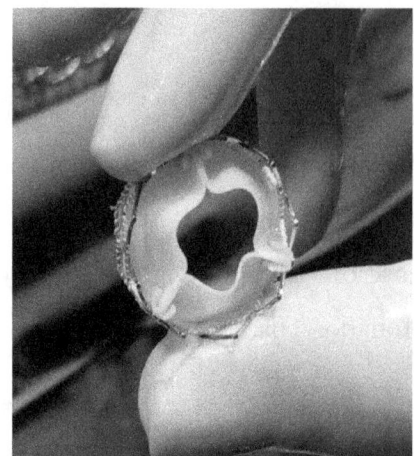

IMAGEN Nº 3: calcificación severa de la bifurcación aorto ilíaca en un angioTC que   desaconseja   la   vía   transfemoral.

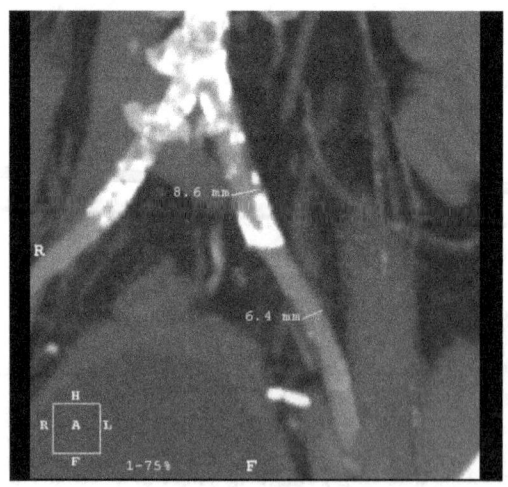

IMAGEN Nº 4: acceso por minitoracotomía izquierda para implantación transapical.

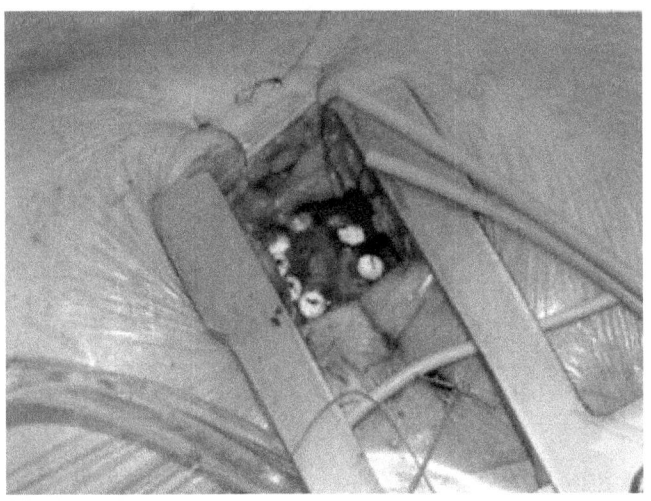

IMAGEN Nº 5: materiales necesarios para implantación de la TAVI.

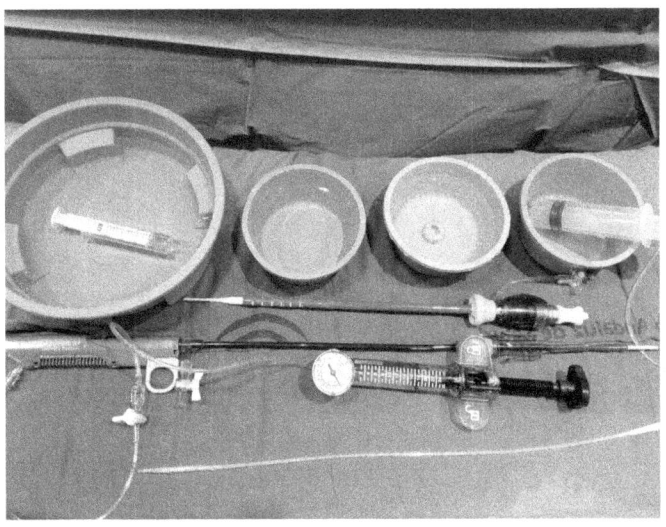

IMAGEN Nº 6: introducción del introductor por la punta del corazón (ventrículo izquierdo).

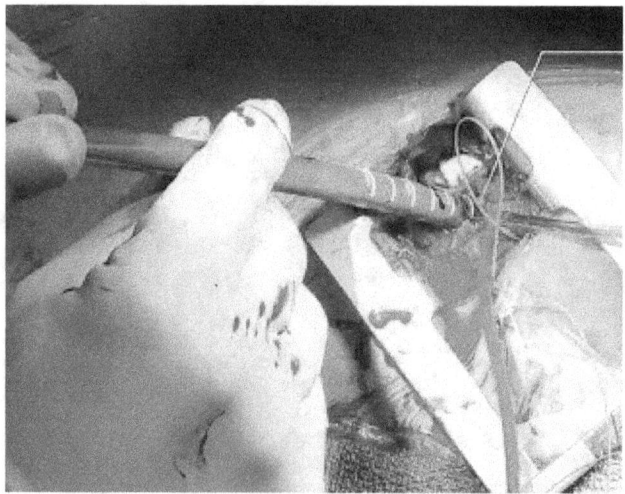

IMAGEN Nº7: radiografía con prótesis antes y después de desplegar en posición aórtica.

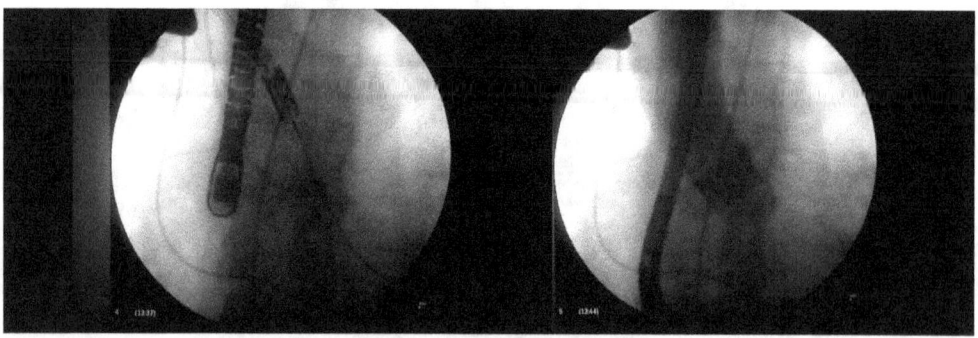

TEMA 4. CASO CLINICO NUMERO 4

Alfredo López González, Aníbal Bermúdez García.

CASO

Paciente mujer, 69 años de edad, con antecedentes personales de diabetes mellitus no insulinodependiente, hipertensa de larga evolución, obesidad (índice de masa corporal: 35), ansiedad y fiebre reumática en la infancia. En tratamiento con metformina, losartán y furosemida. Vacunada de la gripe recientemente. No refiere alergias ni reacciones medicamentosas previas.

Refiere presentar disnea progresiva de muy larga evolución (no recuerda el inicio de sus síntomas, pero sí que lleva más de 15 años con el problema). Había comentado el problema en alguna ocasión previamente, pero la severidad de la clínica era muy escasa (disnea de grandes esfuerzos) y se atribuyó a su obesidad y sedentarismo.

El motivo de acudir a consulta es el aumento muy llamativo de sintomatología, que ahora se presenta tras mínimos esfuerzos (e incluso en reposo) y se asocia a edema de ambos miembros inferiores que mejora, aunque no hasta desaparecer, al elevar las piernas. El aumento de la clínica ha sido a raíz de un cuadro catarral que ha padecido durante la última semana.

A la exploración, destaca palidez de piel y mucosas con ligera ictericia, así como cierta ingurgitación yugular. En la auscultación cardiaca, nos llama la atención la presencia de un soplo sistólico de predominio apical, así como un ritmo irregular, a 130 latidos por minuto. La auscultación respiratoria objetiva estertores en ambas bases y campos medios pulmonares.

A la palpación abdominal, se objetiva hepatomegalia dolorosa y posible ascitis, aunque no muy marcada. Edemas muy importantes de miembros inferiores, de aspecto crónico.

SOSPECHA DIAGNÓSTICA Y ACTITUD

La sintomatología que refiere esta paciente, así como la forma de presentación paulatina y progresiva a lo largo de muchos años, nos deben hacer pensar en la presencia de una insuficiencia cardiaca derecha, si bien en todo paciente con disnea hay que descartar también problemas respiratorios (reagudización de EPOC, infección respiratoria etc.) que, aunque parecen probables por la forma de presentación de su patología, deben ser descartados en las pruebas complementarias.

Una vez orientado el enfoque diagnóstico hacia la presencia de insuficiencia cardiaca, procederemos a la realización del diagnóstico diferencial, teniendo en consideración la etiología de esta entidad. Así, las causas más importantes de la insuficiencia cardiaca son:

- Cardiopatías:

  - Insuficiencia cardiaca izquierda

  - Cardiopatía isquémica, infarto de miocardio

  - Cardiopatías valvulares con o sin endocarditis

  - Miocardiopatía hipertensiva

  - Cardiopatías congénitas

  - Arritmias

- Miocarditis

- Causas extracardíacas:

  - Infección, sepsis

  - Desequilibrio hidroelectrolítico, embolia pulmonar

  - Anemia de gran severidad

  - Tirotoxicosis

  - Embarazo

  - Hipertensión pulmonar

Considerando este abanico de posibilidades, ante los datos clínicos y semiológicos y con la intención de realizar el diagnóstico diferencial, se solicitan exámenes complementarios, en los que se obtienen los siguientes datos:

- Analítica: hematología (serie roja, serie blanca y plaquetas) normal, función renal normal, hipercolesterolemia (290 mg/dL). Transaminasas: ALT (GOT): 89 (valor normal: 0-37), AST (GPT): 95 (valor normal: 0-41).

- Radiografía de tórax (imagen nº1): cardiomegalia a expensas de cavidades derechas

- Electrocardiograma (imagen nº2): fibrilación auricular con una frecuencia ventricular de 90 latidos por minuto.

- Ecocardiograma (imagen nº3): función ventricular izquierda normal, disfunción moderada del ventrículo derecho (fracción de eyección del 35%), dilatación muy severa de aurícula derecha, que desplaza el septo interauricular hacia la izquierda. Doble lesión valvular tricuspídea con predominio de la insuficiencia, que es muy severa (estenosis ligera). N presenta hipertensión pulmonar.

- Ecografía abdominal: hepatomegalia difusa (hígado congestivo sin nodularidad), ligera esplenomegalia, mínima ascitis.

- Estudio hemodinámico (coronariografía y ventriculografía, imágenes nº 4 y 5)): se objetivan coronarias normales y función ventricular izquierda conservada.

JUICIO DIAGNÓSTICO: INSUFICIENCIA TRICÚSPIDE SEVERA DE PROBABLE ORIGEN REUMÁTICO. FIBRILACIÓN AURICULAR CRÓNICA. DILATACIÓN MUY SEVERA DE AURÍCULA DERECHA. HÍGADO DE ÉSTASIS. INSUFICIENCIA CARDIACA DERECHA DESCOMPENSADA.

DISCUSIÓN

En la situación actual de la paciente hay que diferenciar dos aspectos de un mismo problema. Por un lado, presenta una valvulopatía tricuspídea crónica, agravada por un cuadro de descompensación de su insuficiencia cardiaca.

Por ello, el tratamiento debería enfocarse en dos fases. La primera iría orientada a tratar dicha descompensación aguda cardiaca, fundamentalmente mediante la depleción líquida (diuréticos), disminución de la postcarga (vasodilatadores) y el control de la frecuencia cardiaca (antiarrítmicos).

Una vez atenuadas las manifestaciones de insuficiencia cardiaca, centraríamos nuestra atención en la etiología del problema: la insuficiencia tricúspide severa.

La patología valvular tricúspide suele ser funcional y asociada a otras valvulopatías, más frecuentemente por patología severa de la válvula mitral, de forma secundaria a la insuficiencia cardiaca izquierda, hipertensión pulmonar y dilatación ventricular, aunque también puede presentarse de forma aislada.

La indicación de técnicas de corrección de la insuficiencia tricúspide es clara cuando esta patología se asocia a valvulopatía asociada severa, ya que se realiza en el mismo acto, si se trata de insuficiencia severa o en casos de valvulopatía secundaria moderada y dilatación anular moderada (>40mm).

Sin embargo, surgen más dudas cuando se trata de una insuficiencia tricúspide severa aislada. Según las guías actuales, se recomienda la cirugía aislada de la válvula tricúspide en pacientes sintomáticos con insuficiencia tricúspide primaria grave. Aunque el tratamiento conservador (farmacológico, con diuréticos) suele tener buena respuesta, el retraso de la cirugía puede ocasionar lesión irreversible del ventrículo derecho, la cual conlleva un aumento notable de la morbimortalidad operatoria y postoperatoria.

Respecto a la técnica quirúrgica, la primera elección es la reducción del anillo valvular (anuloplastia) mediante anillo protésico (imagen nº6) o con la técnica de De Vega (inserción de una sutura que plica el anillo tricuspídeo).

En casos en los que hay una deformidad extrema de la válvula con afectación orgánica de la misma, puede ser precisa la sustitución de la válvula por una prótesis, si bien se suele dejar exclusivamente para casos muy extremos, por su elevado índice de complicaciones y mortalidad, fundamentalmente debido a la disfunción ventricular y la trombosis protésica. Por este último problema, se suele tender a emplear prótesis biológica de gran tamaño (imagen nº7), aunque hay cierto debate en la elección entre prótesis mecánica (imagen nº8) y biológica.

IMÁGENES:

IMAGEN Nº1: Radiografía de tórax: Cardiomegalia a expensas de cavidades derechas

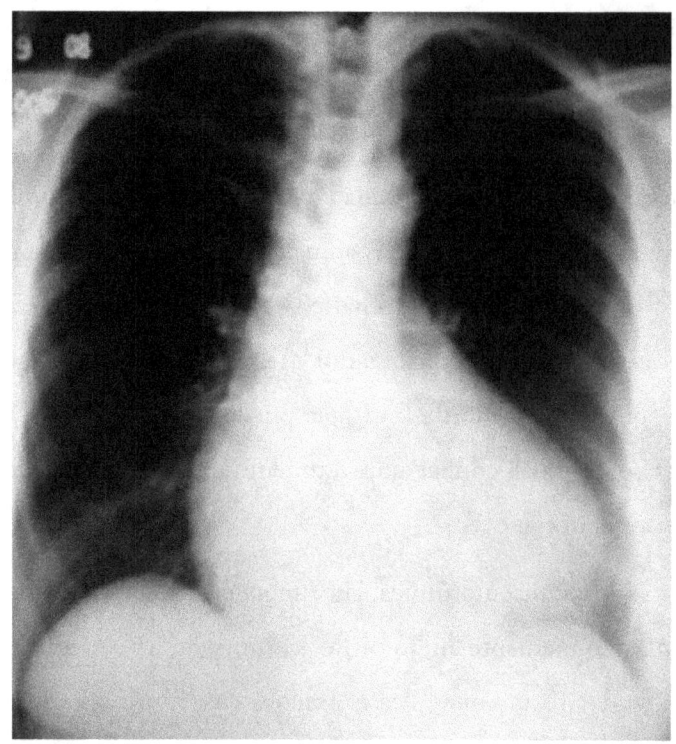

IMAGEN Nº2: Electrocardiograma: fibrilación auricular

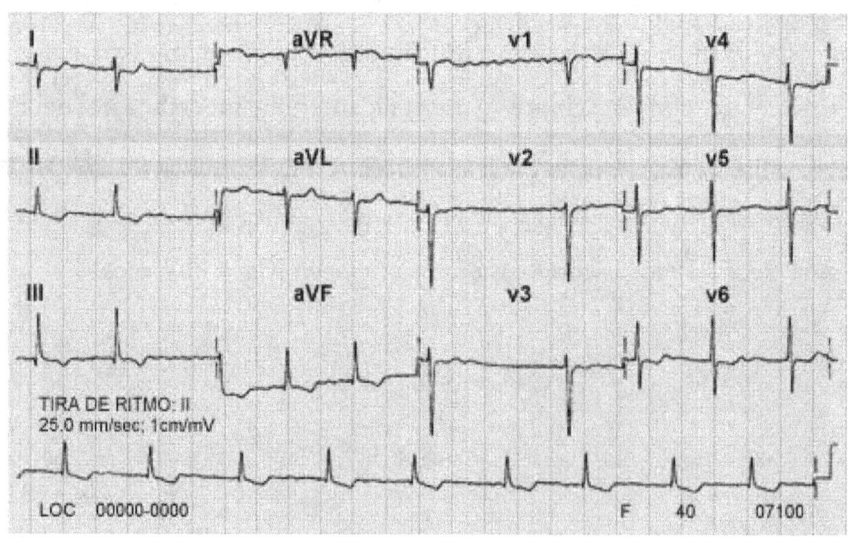

IMAGEN Nº3: Ecocardiograma: insuficiencia tricúspide severa

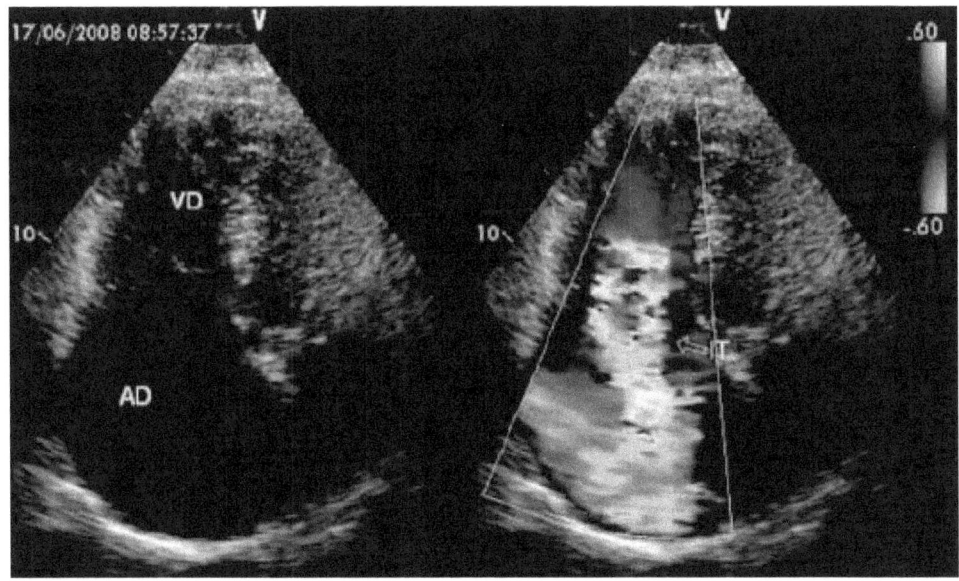

IMAGEN Nº4: Coronariografía: coronarias sin lesiones

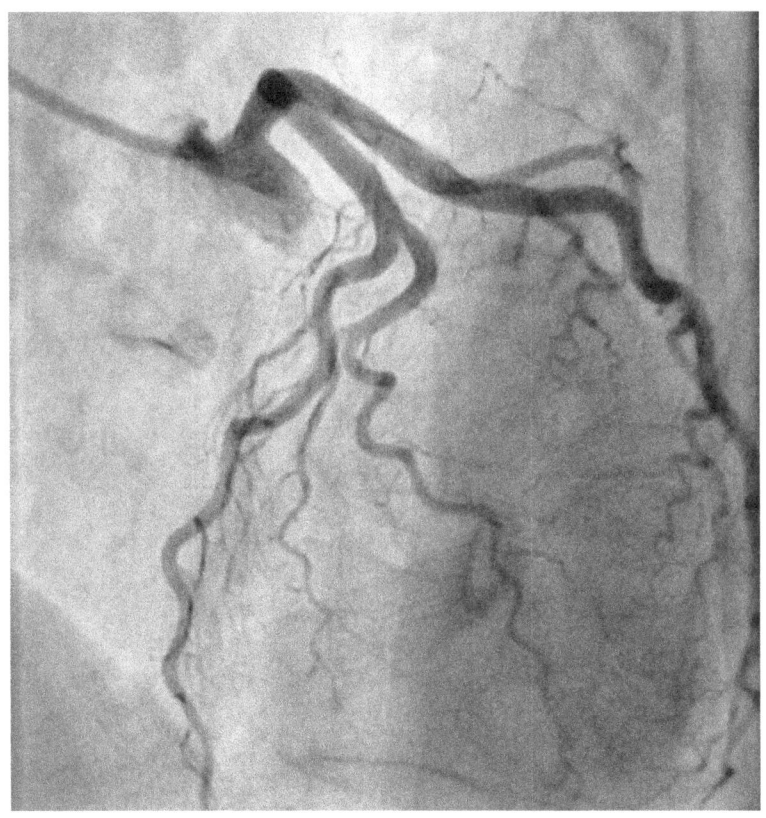

IMAGEN Nº5: Ventriculografía: ventrículo izquierdo con función conservada

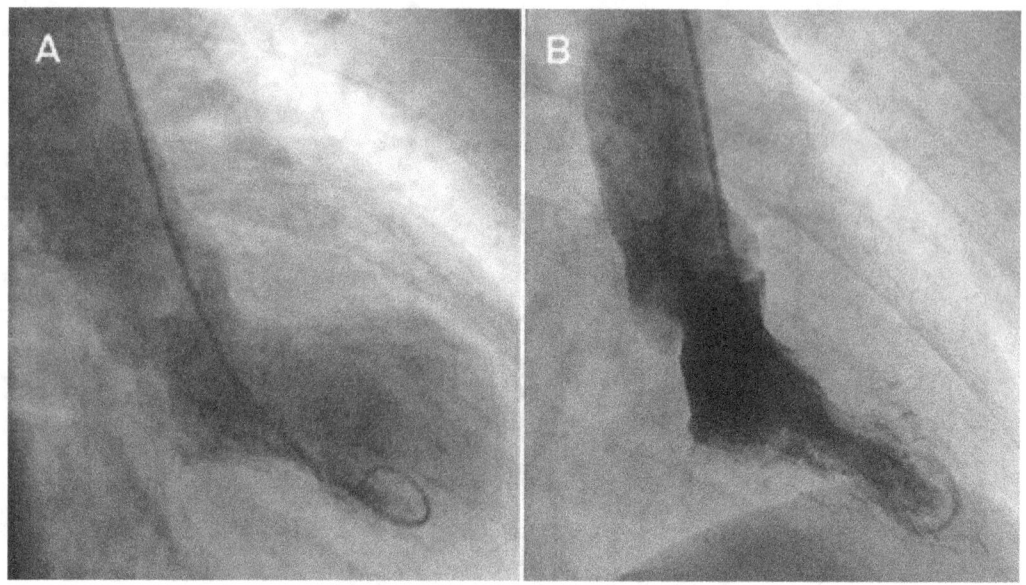

IMAGEN Nº6: Anillo protésico

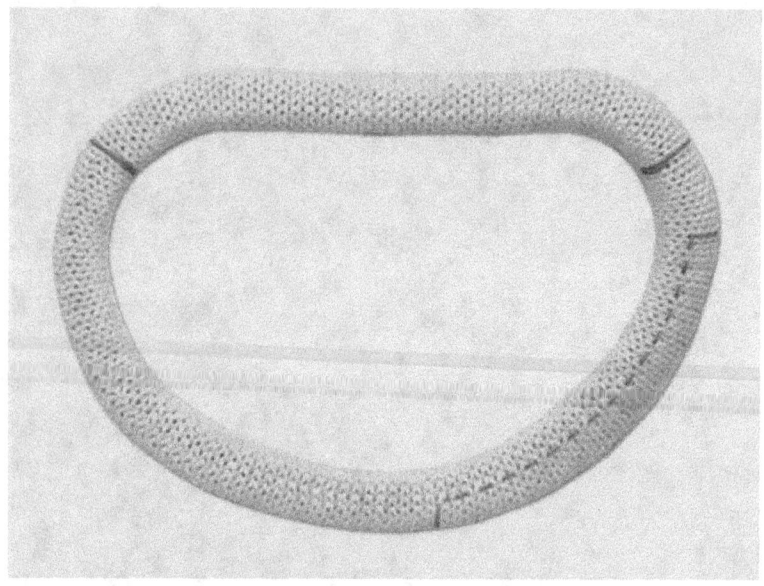

IMAGEN Nº7: Prótesis valvular biológica

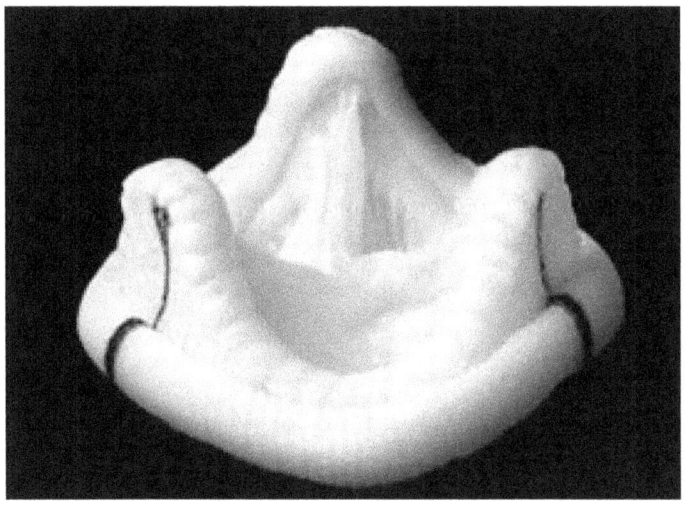

IMAGEN Nº8: Prótesis valvular mecánica

TEMA 5. CASO CLÍNICO NÚMERO 5

M. Ángeles Martín Domínguez, Aníbal Bermúdez García.

CASO

Paciente de varón de 58 años, fumador de un paquete de cigarrillos al día desde hace 30 años, obesidad grado II, diabetes mellitus tipo II en tratamiento con insulina y antidiabéticos orales. Hipertenso, dislipémico y diagnosticado desde su infancia de asma. No tiene antecedentes quirúrgicos de interés. Como antecedente familiar, su padre murió de un infarto agudo de miocardio a los 65 años.

El paciente acude a su médico de familia porque desde hace unos meses se encuentra mucho más cansado de lo habitual, refiere sensación de ahogo y falta de aire cuando sube cuestas. Esta sensación cede tras unos minutos de descanso. Además comenta que vive en un cuarto piso y para poder subir necesita pararse en cada tramo de escaleras.

SOSPECHA DIAGNÓSTICA Y ACTITUD

La disnea se define como la sensación de falta de aire o dificultad respiratoria. Este es el síntoma principal que presenta el paciente. Con los antecedentes anteriormente descritos se debe establecer un diagnostico diferencial entre varias patologías.

Tras valorar al paciente lo primero que podemos pensar es que todo se puede justificar por la obesidad, los pacientes con obesidad grado II presentan un índice de masa corporal mayor de 35, están cercanos a la obesidad mórbida. En pacientes con estas características es difícil diferenciar que síntomas son justificados por la obesidad y cuales por otra etiología. Muchas veces los síntomas están acentuados por la propia obesidad y por lo tanto la causa de los síntomas son de origen mixto.

Pero no debemos olvidar que los obesos son pacientes con mayor riesgo cardiovascular ya que suelen asociar casi todos los factores de riesgo, como son la diabetes, la dislipemia, la hipertensión, etc. Si además fuma, es varón y mayor de 50-55 años con antecedentes en la familia de cardiopatía isquémica no le falta casi ningún factor de riesgo cardiovascular.

Por ello, aunque sea obvio que la obesidad puede justificar los síntomas, ante los antecedentes del paciente debemos descartar el origen cardiaco de la disnea, sospechando en primer lugar de una cardiopatía isquémica. También se puede tratar de una valvulopatía. No olvidar, que los síntomas aparecen en el contexto de una afectación pulmonar ya conocida, el asma, por lo que también podría tratarse de un empeoramiento de su enfermedad asmática. Además en la anamnesis se debe hacer especial hincapié en la profesión del paciente para determinar si pudo haber riesgo de exposición laboral a sustancias contaminantes que causen neumoconiosis o tóxicos pulmonares, que expliquen la disnea.

Al historiar al paciente, este no presenta antecedentes profesionales de interés, por lo que la causa de exposición a tóxicos pulmonares es poco probable. Comenta haber ganado algo de peso en los últimos meses. La disnea que presenta, aparece durante el ejercicio, cede tras unos minutos de reposo y no se acompaña de dolor torácico, palpitaciones, tos, sibilancias, expectoración u ortopnea.

En la exploración física, el pulso carotideo es rítmico y simétrico, con una frecuencia de 70lpm. En la auscultación cardiopulmonar presenta tonos rítmicos, sin soplos y el murmullo vesicular esta conservado en ambos campos pulmonares, sin ruidos sobreañadidos. En los miembros inferiores destacan leves edemas por debajo de los tobillos.

Ante estos hallazgos su médico de atención primaria solicita una analítica completa, una radiografía de tórax en proyección postero-anterior y en proyección lateral, una espirometría y un electrocardiograma.

En la analítica sólo destaca una LDL elevada y una glucemia en ayunas de 220 mg/dl. Además presenta una creatinina de 1,9. La espirometría, la radiografía y el electrocardiograma no presentan hallazgos de interés Ante la alta sospecha del origen cardiológico de la disnea, el paciente es derivado al cardiólogo.

El paciente no presenta angina por lo que se solicita en primer lugar una ecocardiografía que resulta ser normal. Pero su médico de atención primaria sospecha que al ser diabético con mal control metabólico, y presentar creatinina elevada el paciente puede sufrir nefropatía, que es un signo de afectación microvascular de la diabetes (microangiopatía diabética). Su médico de atención primaria sabe que los pacientes diabéticos evolucionados pueden no tener dolor torácico o tener minimizado éste síntoma aunque exista una isquemia mocárdica, y pueden debutar sólo con disnea. Su médico solicita una ergometría y un fondo de ojo para valorar la afectación de la diabetes en la retina.

Durante la ergometría, aparece elevación del segmento ST en V4, V5 y V6 y el paciente tiene que pararse porque le vuelve a faltar el aire. La ergometría es eléctrica y clínicamente positiva.

Tras este resultado, se le decide realizar una coronariografia donde aparece una lesión severa en la bifurcación del tronco común izquierdo que afecta a la salida de la arteria circunfleja, una lesión proximal severa en la arteria descendente anterior y una lesión severa ostial en la arteria coronaria derecha.

El paciente es candidato a revascularización miocárdica quirúrgica, por lo que su caso es presentado a los cirujanos cardiacos para la realización de un triple bypass coronario.

DISCUSIÓN

Las enfermedades cardiovasculares, que engloban la cardiopatía isquémica, la enfermedad cerebrovascular y la enfermedad arterial periférica, representan la principal causa de muerte tanto en hombres como en mujeres en los países industrializados.

La cardiopatía isquémica abarca las alteraciones que tienen lugar en el miocardio debido a un desequilibrio entre la demanda y el aporte de oxigeno. Cuando existe un aporte insuficiente de oxígeno en el miocardio para el trabajo que está realizando se produce isquemia, esta isquémia puede ser transitoria o definitiva, y presentarse de manera aguda o crónica. La etiología más frecuente de la cardiopatía isquémica es la aterosclerosis de las arterias coronarias, en ella existe una disminución del calibre de las coronarias por la aparición de placas de ateroma que van obstruyendo el vaso poco a poco hasta que aparece sintomatología cuando el aporte de sangre es insuficiente para cubrir las demandas de oxígeno del miocardio. Otras causas, aunque mucho menos frecuentes, son los vasoespasmos coronarios, las embolias, los aneurismas de la aorta ascendente que se disecan proximalmente, las alteraciones congénitas de la anatomía coronaria o los aumentos de la demanda de oxigeno por hipertrofia miocárdica o disminución de aporte como en la anemia severa.

Los principales factores de riesgo para el desarrollo de aterosclerosis son la hipertensión arterial, el sexo masculino, el consumo de tabaco, la dislipemia, la diabetes mellitus, el sedentarismo, la obesidad, la microalbuminuria, la edad (varones mayores de 55años y mujeres mayores de 65 años) y la presencia de antecedentes familiares de enfermedad cardiovascular.

La angina o dolor torácico es el síntoma más frecuente de la enfermedad coronaria. Los enfermos describen este dolor como una opresión retroesternal, que en ocasiones se irradia a cuello, mandíbula, brazo o espalda. Aparece durante el ejercicio o con el estrés emocional y desaparece con el reposo o tras la administración de nitroglicerina sublingual. Puede acompañarse de cortejo vegetativo (sudoración, taquicardia, nauseas, sensación de muerte inminente) o de disnea. Esta sintomatología clásica se corresponde con la cardiopatía isquémica crónica y con una isquemia normalmente transitoria. Es la denominada angina estable o angina de esfuerzo.

Cuando la sintomatología aparece de manera repentina sin relación con el esfuerzo se habla de angina inestable o de reposo y se engloba dentro de la cardiopatía isquémica aguda o síndrome coronario agudo. Dentro de los síndromes coronarios agudos está el infarto de miocardio, en el que existe una obstrucción completa (normalmente por trombosis) de alguna coronaria en la que previamente existía un lesión, existiendo una isquemia definitiva y por lo tanto una necrosis (muerte) del miocardio a no ser que se repermeabilice la coronaria.

Los síndromes coronarios agudos también se pueden clasificar como con elevación del segmento ST (SCACEST) o sin elevación del segmento ST (SCASEST).

El diagnóstico de los sindromes coronarios agudos se realiza con la clínica, el electrocardiograma y la enzimas cardíacas o marcadores de daño miocárdico (troponina, CPK y CPK Mb). Dependiendo del electrocardiograma y de la cuantificación de la enzimas se define de que tipo de síndrome se trata y se actúa en consecuencia.

Las coronarias obstruidas en el infarto pueden repermeabilizarse de manera precoz con sustancias que disuelven el trombo (fibrinólisis) o mediante cateterismo coronario de urgencia y así evitar la necrosis definitiva del miocardio.

En el caso de la cardiopatía isquémica crónica, la sospecha diagnóstica se establece a través de la clínica y de los factores de riesgo, confirmándose tras la realización de una ergometría (inducción de isquemia con prueba de esfuerzo), donde se observen signos típicos de isquemia miocárdica. También se sospecha cuando en una ecocardiografía se aprecia disfunción ventricular o zonas del miocardio que no se mueven bien (discinesia o acinesia segmentaria) en ausencia de valvulopatías.

La disfunción ventricular que aparece en la cardiopatía isquémica ocurre por una pérdida de contractilidad del miocardio que puede ser irreversible como en el infarto o reversible, en el caso del miocardio reversible el músculo no se contrae pero es viable y se habla de miocardio hibernado o aturdido y se caracterizan por tener la capacidad de recuperarse si se revasculariza el tejido. El miocardio hibernado es aquel que aparece en la isquemia crónica y el aturdido es aquel que aparece después de un síndrome agudo.

La prueba de confirmación de lesiones coronarias es la realización de una coronariografía (imagen nº 1), actualmente también se utiliza el angioTC coronario pero la coronariografia sigue siendo la prueba de elección.

En el caso descrito en este capítulo destaca como factor de riesgo la diabetes. Esta enfermedad está estrechamente relacionada con la cardiopatía isquémica. La enfermedad coronaria en los diabéticos es mucho más agresiva, con una rápida progresión de la arterioesclerosis. En estos pacientes el riesgo es mucho más elevado, con mayor numero de vasos enfermos y mayor numero de lesiones. La enfermedad coronaria en los diabéticos se caracteriza por una presentación más extensa y difusa, afectando con mayor frecuencia al tronco común izquierdo y a los lechos distales. En estos enfermos la isquemia miocárdica típicamente puede ser poco sintomática.

La revascularización de las coronarias puede realizarse de manera percutánea o de manera quirúrgica. La revascularización percutánea se realiza por cateterismo a través de la introducción de catéteres que se introducen normalmente por la arteria femoral o radial. Con estos catéteres se consigue sondar el nacimiento(ostium) de los troncos coronarios que están en la raíz aórtica, a través de los catéteres se introducen balones y endoprótesis coronarias (stents) que permiten dilatar las obstrucciones coronarias. Esta técnica la realiza el cardiólogo hemodinamista.

La revascularización quirúrgica se realiza mediante puentes coronarios (bypass) y precisa cirugía abierta. La realiza los cirujanos cardiovasculares.

La indicación de revascularización se realiza en las siguientes situaciones:

- Cualquier lesión coronaria mayor del 50% con angina que no se controla con tratamiento médico.

- Lesión de tronco coronario izquierdo mayor del 50%.

- Lesión proximal de la descendente anterior mayor al 50%.

- Lesión de dos o tres vasos con lesiones mayores al 50% y disfunción del ventrículo izquierdo menor del 40%.

Los vasos que se cuantifican para catalogar la enfermedad coronaria son la coronaria derecha, la descendente anterior y la circunfleja. Se habla de enfermedad coronaria de uno, dos o tres vasos dependiendo del número éstos vasos que tienen lesiones estenosantes.

Las indicaciones para revascularización miocárdica quirúrgica en los pacientes diabéticos son prácticamente las mismas que en la población general pero es de elección ya que se ha visto mayor durabilidad de la revascularización que cuando se trata con stent.

Son candidatos a cirugía de revascularización miocárdica quirúrgica con preferencia a la revascularización percutánea en aquellos pacientes que presentan:

Lesión del tronco común izquierdo.
- Lesión de uno o dos vasos coronarios, si uno de ellos es lesión proximal de la descendente anterior.
- Lesión de tres vasos coronarios.
- Cualquier otra situación con alto riesgo de complicación en el abordaje percutáneo.

La revascularización quirúrgica se puede realizar parando el corazón y con circulación extracorpórea o con el corazón latiendo, con el corazón latiendo se evita las desventajas de la parada cardíaca pero también entraña mayor dificultad técnica y más posibilidades de errores en la realización de la anastomosis.

La incisión utilizada en las intervenciones de revascularización miocárdica es la esternotomía media.

Para los bypass o puentes coronarios se utilizan injertos vasculares, los injertos llevan sangre a la zona del corazón donde no llega bien la sangre, para ello es necesario realizar la sutura o anastomosis del injerto a la coronaria por detrás de la lesión estenosante.

Se utilizan principalmente dos tipos de injertos: injertos arteriales, fundamentalmente de la arteria mamaria interna (imagen nº2) e injertos venosos, especialmente de la vena safena interna (imagen nº3 y nº4). Como injertos arteriales también es posible utilizar la arteria radial. Los injertos arteriales son preferibles porque han demostrado mayor durabilidad que los venosos.

Mientras un ayudante se encarga de realizar la extracción de la vena safena interna, el cirujano realiza la esternotomía media y reseca la arteria mamaria interna izquierda, también se puede utilizar la derecha si es necesario. Una vez establecida la circulación extracorpórea, con el corazón parado y vacio de sangre se procede a la realización de los puentes. La safena precisa ser suturada en un extremo con la coronaria y en el otro extremo con la aorta ascendente. En el caso de las arterias mamarias no es necesario realizar la anastomosis en la aorta ya que tienen su propia irrigación en su nacimiento de la subclavia. Es muy importante asegurarse que los bypass son funcionantes, lo cual se realiza comprobando el flujo sanguíneo de los puentes mediante doppler antes de finalizar la intervención. (imágenes 5,6,7 y 8)

Hacer hincapié en la importancia del control de los factores de riesgo cardiovascular para la prevención y tratamiento de la cardiopatía isquémica. Queremos transmitir que es inútil el realizar revascularización quirúrgica (puentes coronarios) o percutánea (stent) en los pacientes si no se controla de manera estricta los factores de riesgo cardiovascular.

El paciente descrito debe controlar de manera radical su diabetes, dejar de fumar, bajar de peso, controlar su dislipemia y la hipertensión. Es decir controlar los factores de riesgo modificables, ya que existen otros como los antecedentes familiares, el sexo y la edad que no son modificables. El control debe ser supervisado por un facultativo, apoyándolo con medidas farmacológicas e insistiendo en medidas higiénico-dietéticas y formas saludables de vida.

La disminución de peso es crucial para conseguir todos estos objetivos. Si no se modifican estos factores, la arterioesclerosis seguirá avanzando, apareciendo nuevas lesiones coronarias, empeorando las que ya tiene, obstruyendo los puentes coronarios y los stent implantados.

IMÁGENES:

IMAGEN Nº1: coronariografía donde se observa una lesión severa de la coronaria descendente anterior en su parte proximal.

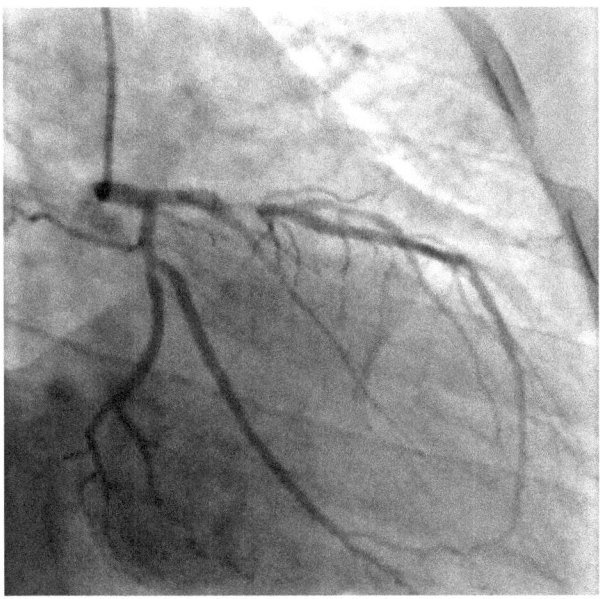

IMAGEN Nº2: arteria mamaria interna izquierda preparada para realizar un bypass o puente coronario. En el caso anterior la este injerto se anastomosa a la coronaria descendente anterior distal a la lesión.

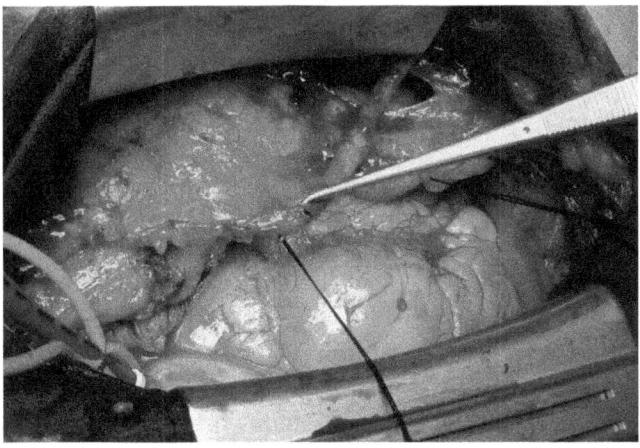

IMAGEN Nº3: safena preparada para cortar y poder utilizarla como injerto para el puente coronario o bypass.

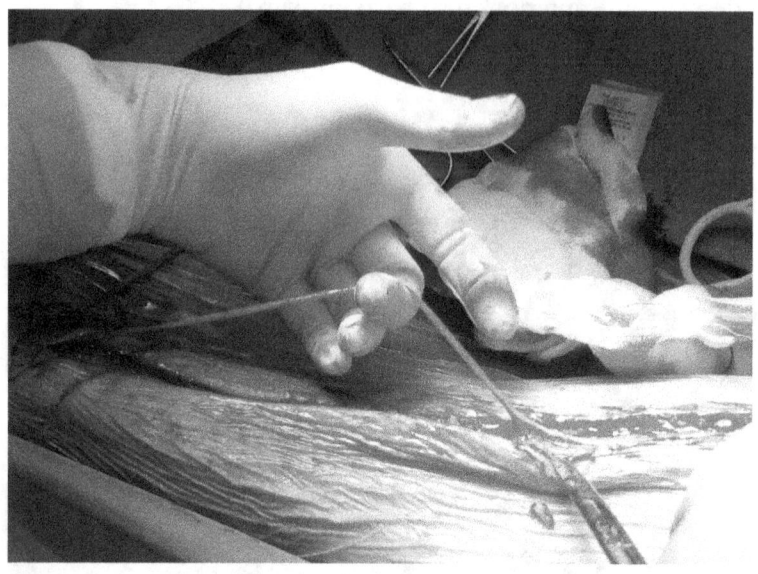

IMAGEN Nº4: safena cortada y lista para utilizar.

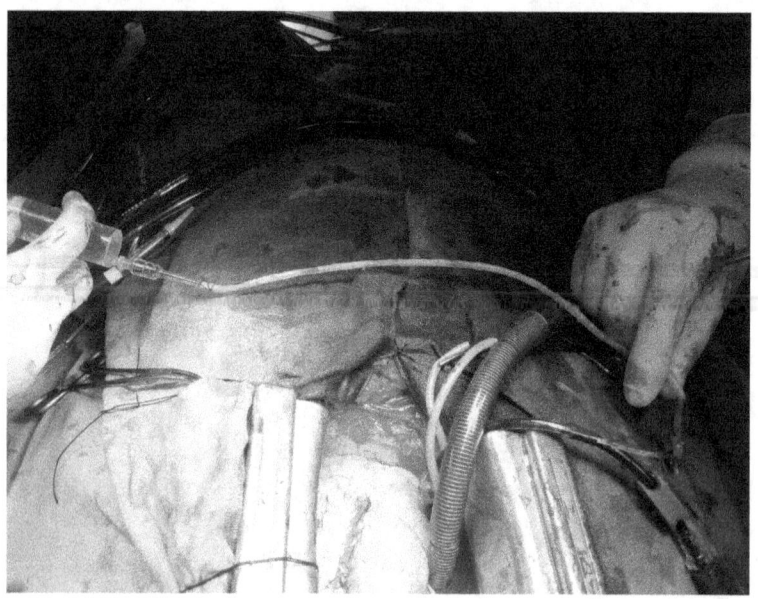

IMAGEN Nº5: coronaria abierta.

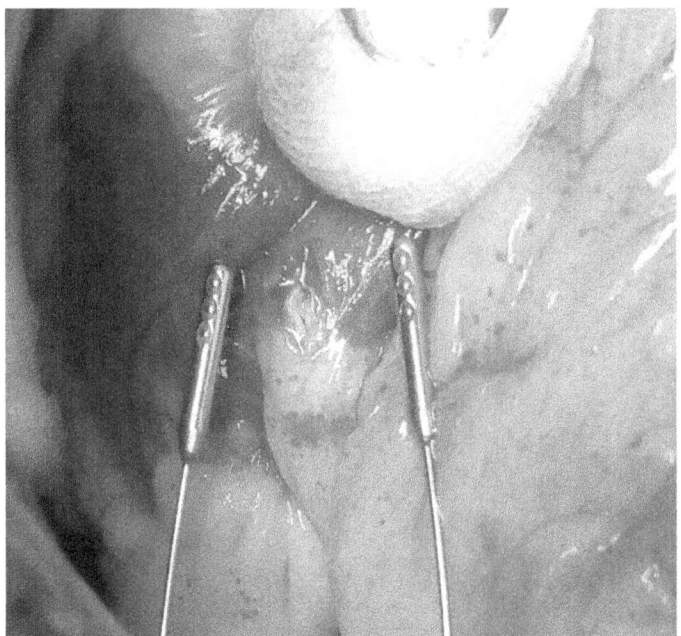

IMAGEN Nº6: realizando la anastomosis con la safena.

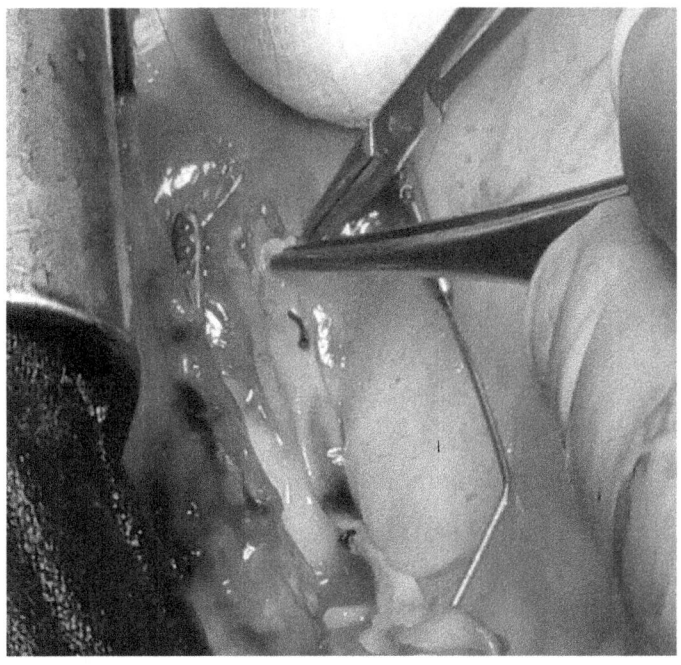

IMAGEN °7: anastomosis realizada

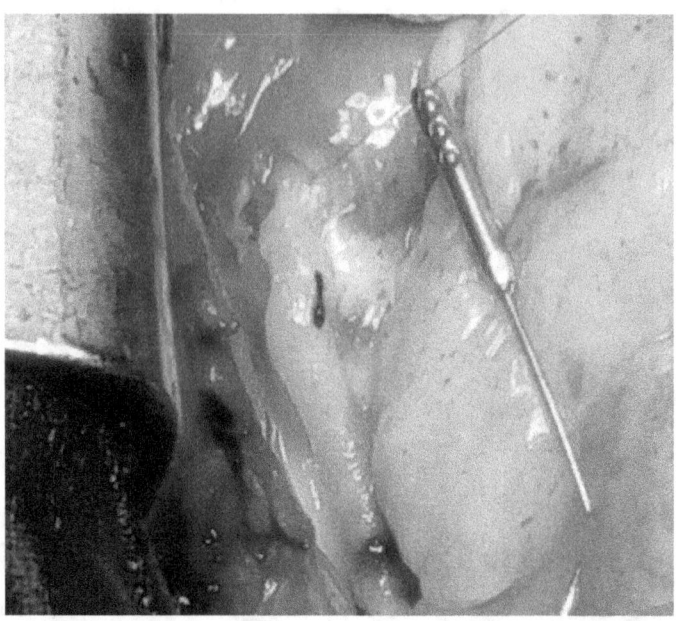

IMAGEN N°8: haciendo la anastomosis del otro extremo de la safena con la aorta para que pueda llevar el flujo arterial hasta la coronaria.

TEMA 6. CASO CLÍNICO NÚMERO 6

Nora García Borges, Miguel Ángel Gómez Vidal.

CASO

Hombre de 45 años, fumador, sin otros antecedentes de interés, acude a nuestra consulta de atención primaria para que le recetemos un anticoagulante (Acenocumarol o Sintrom®) que le han prescrito en un centro de urgencias. El paciente acudió a urgencias dos horas después de empezar a sentir el pulso acelerado y palpitaciones. Allí se le realiza un electrocardiograma que demuestra que el paciente se encuentra en fibrilación auricular a unos 115 latidos por minuto. Tras administrarle amiodarona el paciente revierte a ritmo sinusal. Como no es la primera vez que le ocurre al paciente y no refiere otra sintomatología el médico de urgencias le receta amiodarona oral y lo antiocoagula sin realizar ninguna prueba más.

SOSPECHA DIAGNÓSTICA Y ACTITUD

Lo fácil en este caso es realizar las recetas y olvidarnos del tema, pero nosotros que somos médicos bien formados sabemos que el tratamiento que ha recibido para la fibrilación puede ser correcto, pero el asesoramiento del paciente puede mejorar.

La fibrilación auricular es una arritmia muy frecuente, pero que sea frecuente no significa que sea normal, y menos en un paciente de 45 años, por lo que pueden existir causas que la justifiquen y tratables.

Entre las causas más frecuentes de la fibrilación auricular en pacientes asintomáticos y sin antecedentes de interés se encuentra el hipertioridismo, consumo de alcohol o cocaína, la apnea del sueño, la cardiopatía hipertensiva y la dilatación de las cavidades cardíacas.

Tras realizar una serie de pruebas y una anamnesis minuciosa no se encuentran causas extracardíacas. Dudamos si pedirle o no una ecocardiografía ya que el paciente no presenta clínica de insuficiencia cardíaca y la auscultación cardiopulmonar es normal, además la tensión arterial es normal por lo que no sospecho una cardiopatía hipertensiva. Pero recordamos que una vez leímos un libro sobre casos clínicos en cirugía cardiovascular que decía que siempre que encontremos una fibrilación auricular de reciente diagnóstico se debe solicitar una ecocardiografía para descartar patología valvular que la justifique, así que la pedimos.

En la ecocardiografía se observa una dilatación severa de la aurícula izquierda, una insuficiencia mitral severa por prolapso de ambos velos y signos de hipertensión pulmonar.

Se le explica al paciente que a pesar de no tener sintomatología de insuficiencia cardíaca tiene indicación quirúrgica y que si deja evolucionar la insuficiencia mitral puede ser peor.

El paciente es derivado a cirugía cardíaca donde se realiza una plastia mitral (reparación de la válvula)

DISCUSIÓN

La insuficiencia mitral es la segunda valvulopatía en frecuencia, superada sólo por la estenosis aórtica. Consiste en un fallo de cierre de la válvula mitral durante la sístole del corazón en la que la sangre debe dirigirse del ventrículo izquierdo al tracto de salida y, por tanto, a la aorta y a la circulación general. En cambio debido al cierre inadecuado de la válvula mitral, parte de la sangre no va a la circulación, si no que vuelve a la aurícula izquierda.

Para que la válvula mitral sea competente es necesario un correcto funcionamiento y coordinación de varios elementos: el anillo mitral, las valvas o velos, las cuerdas tendinosas, los músculos papilares y el ventrículo izquierdo. El fallo de algunos de estos elementos puede provocar insuficiencia mitral por déficit de coaptación entre los dos velos.

El volumen de sangre regurgitante que recibe la aurícula izquierda por la insuficiencia mitral produce que la aurícula se dilate con el tiempo para poder recibir esa carga de volumen. La dilatación auricular desestructura la pared y la hace más arritmogénica, con lo que terminan sufriendo de fibrilación auricular.

La sobrecarga de la aurícula izquierda aumenta las presiones en esta cavidad que se transmite hacia detrás, hacia los pulmones, apareciendo hipertensión pulmonar con el tiempo. El ventrículo izquierdo también recibe una sobrecarga de volumen que se traduce en una dilatación de la cavidad ventricular y con el tiempo, de una pérdida de la contractilidad.

La congestión pulmonar, produce los síntomas de disnea y cansancio, estos síntomas pueden agudizarse si aparece la fibrilación auricular o el ventrículo izquierdo pierde contractilidad.

Si la enfermedad avanza suele aparecer insuficiencia cardíaca derecha por dilatación de sus cavidades, asociándose insuficiencia tricuspídea. Por ello, la presencia de insuficiencia tricuspídea indica que la insuficiencia mitral suele ser una enfermedad avanzada y con indicación quirúrgica.

Las formas etiológicas incluyen la insuficiencia mitral primaria u orgánica en la que hay afectación valvular y/o subvalvular . Y la insuficiencia mitral secundaria o funcional ya sea de origen isquémico o por miocardiopatía.

La etiología más frecuente de la insuficiencia mitral orgánica es la causa reumática, sobre todo en países menos desarrollados. La etiología degenerativa representada por la enfermedad fibroelástica, supone la causa más frecuente en Europa. La insuficiencia funcional, provocadas por enfermedad del ventrículo de origen isquémico o por miocardiopatía dilatada, están aumentando en frecuencia.

Existe una clasificación , denominada clasificación Carpentier, que divide la insuficiencia mitral según la movilidad de las valvas:

- Tipo I: movilidad normal de las valvas. Esto lo podemos encontrar en la dilatación del anillo mitral con déficit de coaptación central o en las endocarditis que perforan algún velo.

- Tipo II: excesiva movilidad de las valvas o prolapso. Esto lo podemos encontrar en los casos de rotura de cuerdas tendinosas o en la enfermedad fibroelástica.

- Tipo III: movilidad restringida de las valvas. Hay que diferenciar la tipo IIIa en la que la restricción suele ser por afectación orgánica del aparato subvalvular (cuerdas y músculos papilares) representado por la enfermedad reumática y la IIIb, en la que existe una tracción de los músculos papilares provocando una tracción de los velos impidiendo una coaptación eficaz, consecuencia del remodelado ventricular que ocurre en la insuficiencia mitral funcional representadas por las miocardiopatías tanto dilatadas como isquémicas.

Las causas congénitas de insuficiencia mitral son bastante infrecuentes, encontrando entre ellas, la denominada válvula mitral en paracaídas.

La evolución natural de la insuficiencia mitral severa crónica sintomática es la muerte si no se trata, pudiendo ocurrir por insuficiencia cardíaca refractaria a tratamiento médico.

En el caso de insuficiencia mitral aguda se puede producir la muerte del paciente de manera rápida si no se corrige la insuficiencia mitral o no responde al tratamiento médico. La insuficiencia mitral aguda está representada por la rotura repentina de una cuerda o de un músculo papilar, ya sea por un infarto o por otra causa.

La clínica de la insuficiencia mitral varía desde pacientes asintomáticos hasta pacientes en insuficiencia cardíaca franca. Debido al desarrollo de los mecanismos compensatorios, el paciente puede permanecer muchos años sin presentar síntomas.

Cuando la valvulopatía evoluciona, aparece fatiga, debilidad, disnea con los esfuerzos, que va poco a poco progresando hasta hacerse de mínimos esfuerzos, la ortopnea (que es la falta de aire tendido en la cama) y la disnea paroxística nocturna (despertar por las noches por falta de aire). Cuando aparecen signos y/o síntomas de insuficiencia cardíaca derecha, como hepatomegalia o edemas en miembros inferiores, la enfermedad ya está muy evolucionada.

Por el contrario, en la insuficiencia mitral aguda el paciente está severamente sintomático en edema agudo de pulmón, por la repentina sobrecarga de volumen en los pulmones.

En la exploración física podemos encontrar el latido cardíaco desplazado hacia abajo y hacia la izquierda. El soplo típico de la insuficiencia mitral es pansistólico. Localizado en el foco mitral e irradiado a la axila. La auscultación de un tercer ruido es habitual en esta patología e indica severidad. Cuando se sospecha la presencia de una insuficiencia mitral, por la historia clínica y la exploración, se solicitan pruebas complementarias, como una analítica, un electrocardiograma, una radiografía de tórax y una ecocardiografía.

El electrocardiograma suele ser normal, pero podemos encontrar signos de isquemia, sobrecarga auricular y ventricular, o una fibrilación auricular. La radiografía de tórax también puede resultar normal, o podemos encontrar, sobre todo en la insuficiencia mitral crónica, aumento de las cavidades izquierdas.

La ecocardiografía representa la prueba diagnóstica fundamental. La ecocardiografía permite identificar tanto la etiología como el mecanismo de la insuficiencia.

Se debe realizar una ecocardiografía transesofágica en el caso de que con la transtorácica no se obtenga toda la información necesaria, siendo esta modalidad de ecocardiografía de elección en el estudio de la válvula mitral, sobre todo si existe intención de reparar la válvula, en cuyo caso es crucial conocer el mecanismo por el que se produce la insuficiencia.

Esta prueba es obligatoria dentro del quirófano para valorar el éxito de la reparación valvular, si se realiza.

El tratamiento definitivo de la insuficiencia mitral es el quirúrgico, ya sea mediante reparación o sustitución valvular. El tratamiento médico tiene como objetivo paliar los síntomas: diuréticos para aliviar la congestión pulmonar, y vasodilatadores para disminuir la postcarga del corazón (la fuerza que se opone a la eyección del corazón).

En el caso de que aparezca fibrilación auricular es importante controlarla y revertirla. Si existen antecedentes de insuficiencia cardíaca, fibrilación auricular o disfunción severa del ventrículo, entonces hay que pautar anticoagulación para disminuir el riesgo de embolismo, aunque éste es menor que en la estenosis mitral.

En cuanto al tratamiento quirúrgico, las dos posibilidades que existen, la sustitución o reparación, tienen sus ventajas y desventajas. Sin duda la gran ventaja de la reparación consiste en la conservación de la válvula nativa, debido a que ninguna prótesis del mercado tiene mejor función que ésta. Además, con la reparación se ha comprobado que se obtiene una mejor fracción de eyección del ventrículo izquierdo en el postoperatorio, lo que facilita la recuperación de los pacientes, se evita las complicaciones hemorrágicas de la anticoagulación y las tromboembólicas relacionadas con las prótesis.

La reparación valvular supone una mayor complejidad técnica, por lo que debe realizarse por personal experimentado, y es necesario generalmente mayor tiempo de circulación extracorpórea. Hoy en día se aboga cada vez más por la reparación valvular como primera opción en el tratamiento quirúrgico de la insuficiencia mitral.

En general, las indicaciones de tratamiento quirúrgico de reparación o sustitución valvular son las siguientes:

- Pacientes sintomáticos con función ventricular conservada. En el caso de pacientes sintomáticos con disfunción ventricular severa (fracción de eyección menor del 30% y/o volumen del ventrículo izquierdo al final de la sístole mayor de 45 mm) hay que optar por tratamiento médico, y si es refractario a dicho tratamiento, hay que valorar la comorbilidad y el alto riesgo quirúrgico que presentan. En cambio, en el caso de disfunción ventricular severa, baja comorbilidad y alta probabilidad de plastia duradera, se puede plantear la cirugía.
- Pacientes asintomáticos con función ventricular preservada, pero con una fibrilación auricular de novo o una hipertensión pulmonar severa (presión sistólica en arteria pulmonar mayor de 50 mmHg) como es el caso del paciente del caso clínico.
- Pacientes asintomáticos con disfunción ventricular severa.

El abordaje quirúrgico habitual es la esternotomía media o por toracotomía derecha. Se establece la circulación extracorpórea de forma estándar. Se accede a la válvula mitral a través de una atriotomía izquierda paralela al surco de Sondergaard o interauricular. También se puede acceder abriendo primero la aurícula derecha y después el tabique interauricular Posteriormente se evalúa la válvula mitral para confirmar los hallazgos ecocardiográficos y se decide si es candidata o no a plastia.

Las técnicas de reparación son complejas y no tienen sentido desarrollarlas en este libro.

La sustitución válvular es parecida a la de cualquier válvula cardíaca, se debe intentar preservar el aparato subvalvular en la sustitución ya que se ha comprobado que previene la perdida de fracción de eyección del ventrículo izquierdo (ver tema 2).

IMÁGENES

IMAGEN Nº1: imagen de ecocardiografía que muestra un chorro de insuficiencia mitral desde ventrículo izquierdo hacia aurícula izquierda.

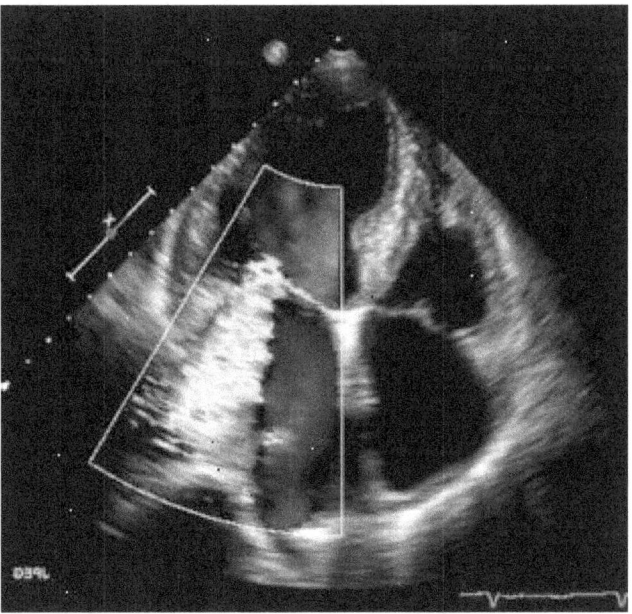

IMAGEN Nº2: exposición de la aurícula izquierda con separador y visualización de la válvula mitral al fondo.

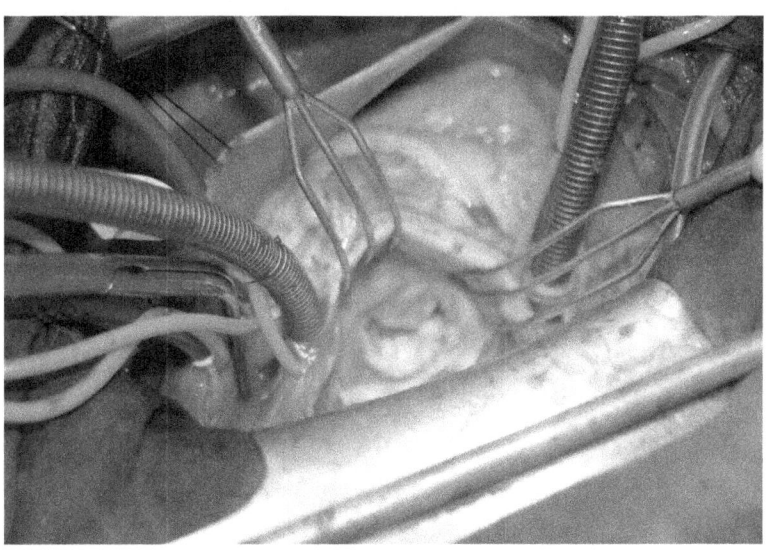

IMAGEN Nº3: velo posterior prolapsante que provoca insuficiencia mitral.

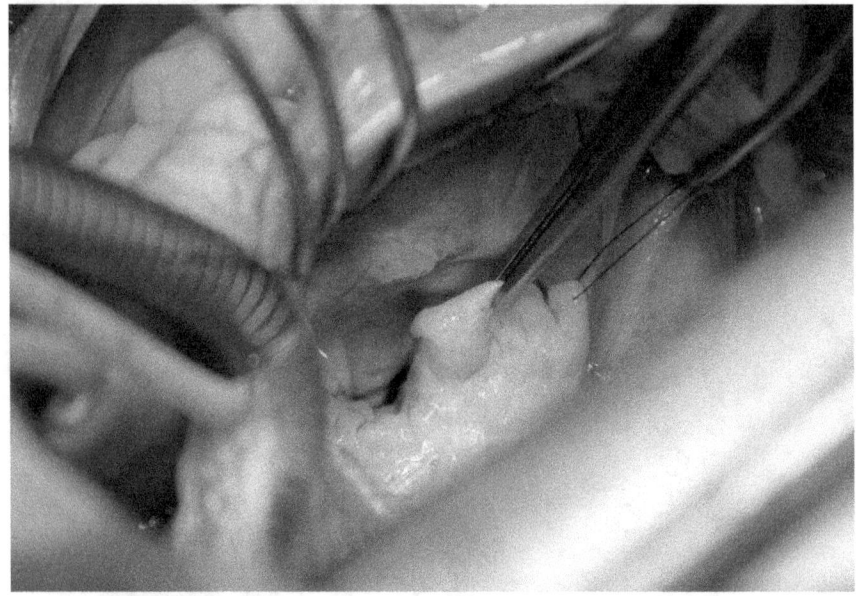

IMAGEN Nº4: se recorta el segmento prolapsante, en este caso se trata del segmento P2.

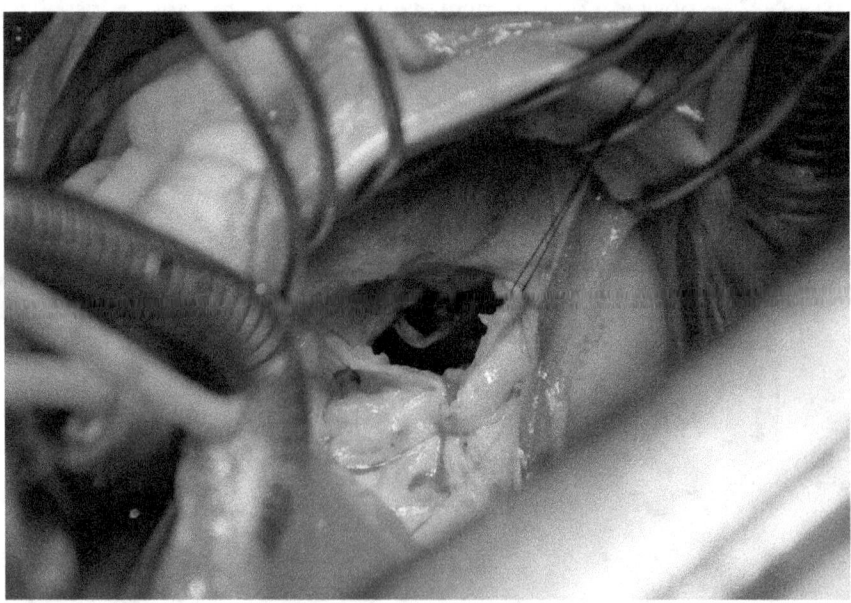

IMAGEN Nº5: sutura del velo recortado y puntos dados en el anillo.

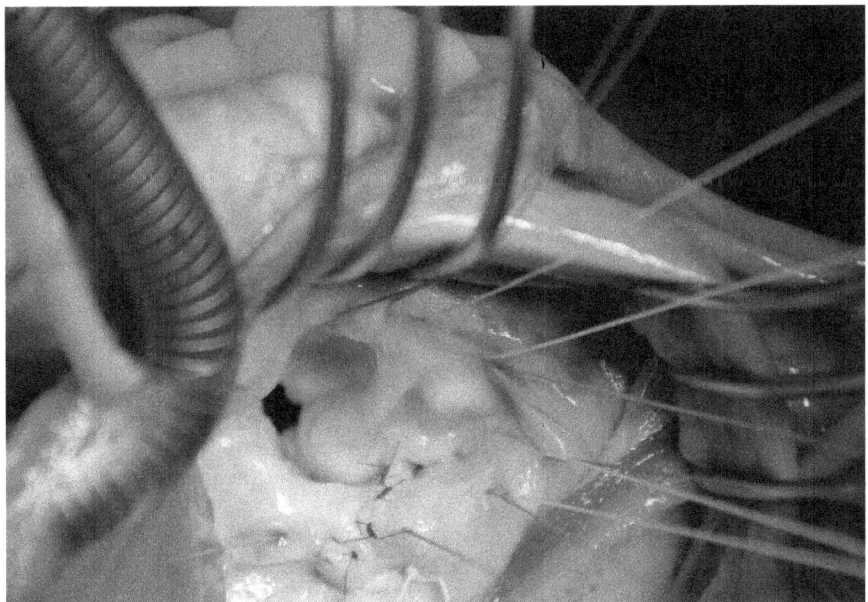

IMAGEN Nº6: medición del tamaño del anillo protésico, su función es evitar la dilatación del anillo mitral y aumentar la coaptación de los velos al disminuir la distancia anteroposterior del anillo.

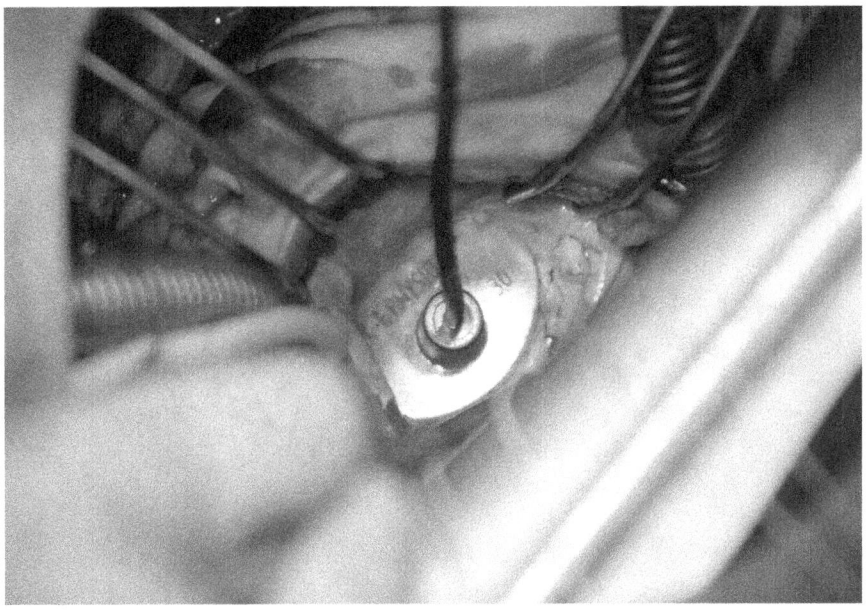

IMAGEN Nº 7: se pasan los puntos del anillo por el anillo protésico

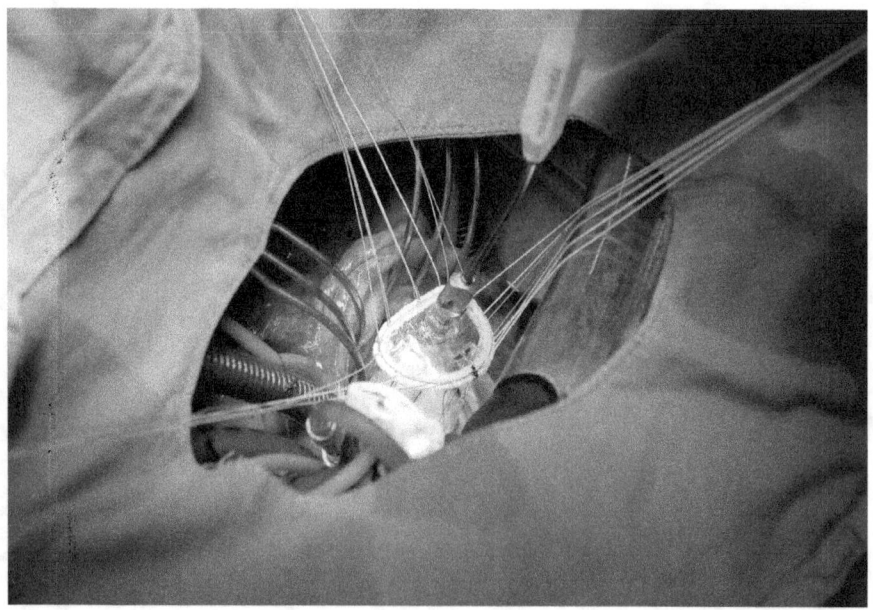

IMAGEN Nº 8: plastia mitral terminada.

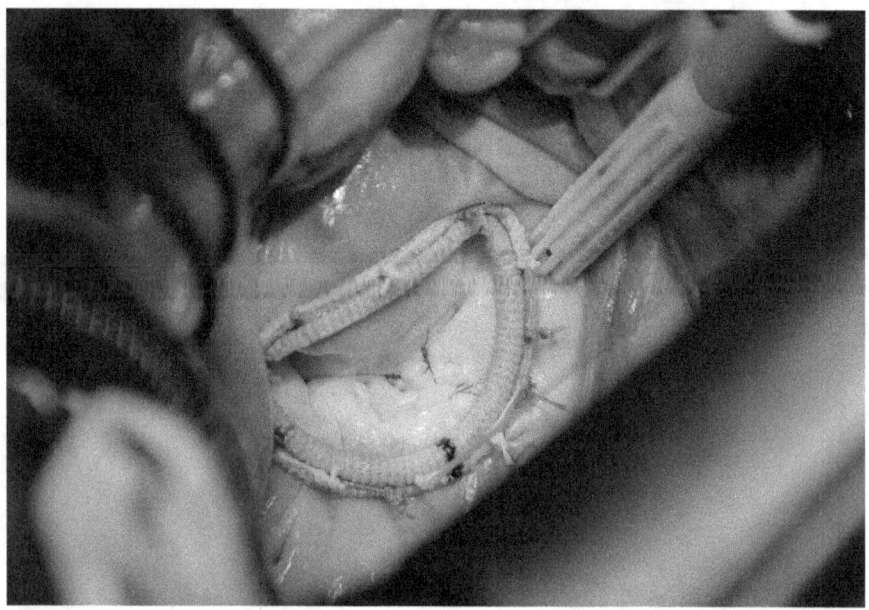

TEMA 7. CASO CLÍNICO NÚMERO 7

Diego Macías Rubio, Alfredo López González.

CASO

Varón de 57 años, sin antecedentes de interés, que presenta desde hace dos semanas episodios paroxísticos de fiebre vespertina de hasta 38ºC, tratado como un catarro de vías altas por su médico de atención primaria. La fiebre no remite, empeorando su estado clínico y en la última semana presenta disnea de mínimos esfuerzos. Acude al servicio de urgencias porque la fiebre no remite con antipiréticos, llegando a 39ºC y la disnea ha empeorado, haciéndose de reposo.

SOSPECHA DIAGNOSTICA Y ACTITUD

Iniciamos el proceso diagnóstico con una anamnesis detallada, donde el paciente nos cuenta que durante todo el proceso no ha presentado tos, que la fiebre comenzó hace dos semanas como picos febriles, sin ninguna sintomatología acompañante. No recuerda ningún familiar cercano con una infección respiratoria reciente.

Ante un cuadro con fiebre alta, quebrantamiento del estado general y clínica respiratoria lo primero que debemos descartar es una neumonía aunque no exista tos.

Como parte de la exploración, realizamos una auscultación que nos muestra crepitantes y roncus generalizados. Tras una radiografía de tórax, confirmamos la presencia de infiltrado intersticial bilateral y un aumento de los reactantes de fase aguda en la analítica. Las constantes vitales nos muestran una TA de 100/30, una FR de 25 rpm y una Sat O2 de 83%.

El infiltrado intersticial bilateral no es lesión radiológica típica de una neumonía por lo que podemos sospechar una neumonía atípica. Se sacan cultivos de esputo y hemocultivos, se inicia tratamiento empìrico.

El paciente no termina de mejorar a pesar del tratamiento, los hemocultivos salen positivos a una bacteria gram positivo pero los cultivos de esputo son negativos.

Ante estos hallazgos siempre debemos acordarnos de que la clínica respiratoria de origen pulmonar es a veces muy difícil de diferenciar de la de origen cardíaco. Si además tenemos un infiltrado bilateral estamos obligados a descartar este origen de los síntomas.

Se solicita una ecografía transtorácica y en ella visualizamos una válvula aórtica insuficiente en grado severo, con una vegetación de 10 mm sobre el velo no coronariano.

Volvemos a interrogar al paciente, quien finalmente recuerda haber acudido al dentista para una extracción dental hace un mes.

Es diagnosticado de endocarditis aguda sobre válvula aórtica nativa, se inicia tratamiento antibiótico específico durante 4 semanas y tratamiento deplectivo para los signos de insuficiencia cardíaca.

Se repite la ecocadiografía a las 4 semanas, el paciente está afebril, con analítica normal y sin disnea. La vegetación ha desaparecido pero sigue existiendo una insuficiencia aórtica severa que parece tener su origen en una perforación o rotura del velo no coronariano. El paciente se interviene de manera programada de sustitución valvular por prótesis mecánica.

DISCUSION

La endocarditis infecciosa (EI) es una enfermedad en la que un microorganismo infecta los tejidos cardiacos, ya sea en sus válvulas o el tejido circundante.

La colonización clásicamente se realizaba por vía hematógena, viajando el microorganismo a través del torrente sanguíneo y quedando anclado en las estructuras cardiacas; pero el auge de la cirugía cardiovascular ha convertido la siembra directa durante la intervención quirúrgica en una nueva vía de contagio.

También se ha descrito clásicamente al tipo de paciente de endocarditis como un hombre joven con válvulopatía reumática, en cuyas lesiones colonizaban las bacterias, casi siempre estreptococos orales; pero hoy en día la disminución de la prevalencia de la enfermedad reumática valvular ha pasado el relevo de la endocarditis a personas mayores, sometidas a procedimientos relacionados con la asistencia sanitaria, dejando por tanto en segundo lugar a los estreptococos y elevando a los estafilococos a la cúspide como primera causa de infección.

Clasificación y definiciones

A la hora de clasificar la endocarditis, existen múltiples criterios que aplicar. Si atendemos a la localización de las válvulas implicadas podemos clasificarla en:

- **derecha** (tricúspide o pulmonar)

- o **izquierda** (mitral o aórtica);

Si atendemos al tipo de válvula puede ser

- Válvulas **nativas**

- Válvulas **protésicas**; y dentro de ellas, dependiendo del tiempo transcurrido tras la cirugía pueden ser clasificadas en:

  - **Precoz**: menos de 1 año tras la cirugía

- **Tardía**: más de 1 año tras la cirugía

Y si atendemos al origen de la infección:

- **Nosocomial**: si aparece tras las 48h del ingreso del paciente en un hospital

- **Adquirida en la comunidad**: antes de las 48 horas

El objetivo de este tipo de clasificaciones es la de orientar de forma empírica el microorganismo más comúnmente relacionado con cada una de ellas y además darnos una idea de la posible evolución de la enfermedad, pues de ello depende en gran medida el tratamiento y pronostico del paciente.

Dentro de la endocarditis infecciosa, también debemos diferenciar en que estado de la misma nos encontramos, y definir claramente si el tratamiento aplicado está siendo efectivo, o si una vez finalizado ha resuelto la enfermedad. Por ello definimos:

Una endocarditis **activa** es aquella en la que permanece la fiebre, los hemocultivos no negativizan, el paciente aún permanece en tratamiento antibiótico o se aprecia morfología inflamatoria en la cirugía.

La **recaída** es aquella endocarditis que aparece nuevamente antes de 6 meses y con el mismo microorganismo involucrado. La **reinfección** es aquella que presenta un nuevo microorganismo o el mismo tras más de 6 meses desde el episodio anterior.

Profilaxis

Dado que la principal vía de contagio fue siempre la hematógena, cabe pararnos a hablar de la prevención asociada a esta vía, es decir, la profilaxis antibiótica previa a determinados procedimientos sanitarios invasivos.

Cuando hablamos de profilaxis debemos tener en cuenta dos conceptos diferentes: la bacteriemia causante de la migración bacteriana a las válvulas cardiacas, y la efectividad del antibiótico en cuestión al actuar contra la bacteriemia. Se sabe que la bacteriemia se produce no solamente cuando se realizan procedimientos invasivos sanitarios, sino también en actividades cotidianas, como cepillarse los dientes o masticar chicle; se ha observado que el número necesario de exploraciones dentales para que aparezca un caso de EI es elevadísimo (1:14.000.000). Además no existen estudios que demuestren la eficacia de la profilaxis antibiótica en la reducción de la incidencia de la EI, ni que la disminución de la frecuencia y duración de la bacteriemia secundaria a estas exploraciones disminuya la aparición de casos de EI.

Por todo esto, las últimas recomendaciones en las guías de práctica clínica son reducir la administración de profilaxis antibiótica a los pacientes de mayor riesgo y en aquellos procedimientos que realmente lo necesiten. Los pacientes con más riesgo son:

Pacientes con **prótesis valvulares** cardíacas y aquellos con cualquier tipo de material protésico usado en reparación valvular; no sólo tienen mayor riesgo, sino que tienen mayor mortalidad y sufren más complicaciones que los de EI sobre válvula nativa.

Pacientes con **endocarditis previas**.

Pacientes con **cardiopatías congénitas**, sobre todo las cianóticas complejas y aquellas con cortocircuitos paliativos o conductos y prótesis.

Estos pacientes **deberían recibir profilaxis** en procedimientos dentales que impliquen manipulación gingival o de la región periapical o perforación de la mucosa oral. Y **no deberían recibir profilaxis** en anestesia local de tejido no infectado, colocación o ajuste de aparatos correctos ordotónticos, extracción de dientes deciduos, traumatismos labial o de la mucosa oral. Tampoco en procedimientos del tracto respiratorio, aparato gastrointestinal o urogenital, piel y tejidos blandos, siempre que no involucren tejidos infectados, ya que en tal caso la movilización de los microorganismos implicados si justificaría la utilización de profilaxis. Y por supuesto en todo procedimiento cardiaco o vascular, ya sea para implantar prótesis o no.

Las dosis de profilaxis son las siguientes:

• No alérgicos a penicilina: Amoxicilina o Ampicilina 2g vía oral o IV, 30-60 minutos antes del procedimiento (50mg/kg en niños); Cefazolina 1g es una alternativa viable

• Alérgicos a penicilina: Clindamicina 600mg vía oral o IV, 30-60 minutos antes del procedimiento (20mg/kg en niños); Vancomicina 1g es una alternativa viable.

Clínica y Diagnóstico

Una vez visto el conjunto de la historia clínica, parece que el diagnóstico se nos muestra claro. Sin embargo, es normal que al inicio de la asistencia al paciente, la historia que nos relate sea la de una fiebre de origen desconocido; así es como la endocarditis suele presentarse, como una enfermedad enmascarada, a la que se llega por descarte, generalmente en pacientes con picos febriles vespertinos, sin otra sintomatología, que no mejora y de la que no se encuentra foco. En este sentido cabe destacar dos tipos de presentaciones diferentes: la endocarditis subaguda y la aguda. Estas dos entidades difieren por la evolución y la agresividad de la infección, generalmente condicionada por el germen causante y la situación de base del paciente.

La endocarditis subaguda se trata de una enfermedad menos agresiva, generalmente producida por algunos tipos de estreptococos orales, que suelen anidar sobre válvulas con defectos anatómicos, que lleven algún tiempo sufriendo de una insuficiencia valvular y esta adaptación les permitan sufrir un agravamiento de la misma sin entrar en fallo cardiaco agudo. El paciente suele presentar fiebre y sintomatología anodina, tratada con antibióticos durante una semana, con la consiguiente mejoría, pero recayendo nuevamente tras la suspensión, llegando al hospital como una fiebre de origen desconocido, y suponiendo un reto diagnóstico para el médico.

La endocarditis aguda es un cuadro fulminante, con un rápido empeoramiento del paciente, generalmente sobre válvulas sanas y cuyo corazón no está adaptando para soportar la sobrecarga de volumen derivada de la insuficiencia valvular que generará la infección, entrando el paciente en fallo cardíaco de forma casi súbita, además de todos los signos y síntomas de una sepsis.

Dado que la endocarditis es una patología de difícil diagnóstico, en la que en múltiples ocasiones la sintomatología que presentará el paciente será anodina, como una Fiebre de Origen Desconocido, y en donde hasta las pruebas que solicitemos nos harán que dudemos de un diagnóstico certero ¿qué necesitamos para el diagnóstico de la endocarditis aguda?

Para ayudarnos a tal fin disponemos de los **Criterios de Duke**, que agrupan hallazgos clínicos, ecocardiográficos y pruebas biológicas (hemocultivos y serología) mostrados en la tabla acompañante:

Criterios Mayores

1. Hemocultivos positivos
   a. Microorganismos típicos compatibles con EI en 2 hemocultivos diferentes:
   - Estreptococo viridans, Estreptococo gallolyticus (S. bovis), grupo HACEK, Estafilococo aureus
   - Enterococos adquiridos en la comunidad en ausencia de foco primario
   b. Microorganismos compatibles con EI en hemocultivos positivos persistentes:
   - 2 o más cultivos positivos de tomas separadas más de 12 horas
   - Todos de 3 o la mayoría de 4 o más hemocultivos separados (con más de 1 hora de diferencia entre el primero y el último)
   c. Hemocultivo positivo para Coxiella burnetii o un título de >1:800 de IgG fase I

2. Pruebas de imagen positivas
   a. Ecocardiograma positivo para EI
   - Vegetación
   - Absceso, pseudoaneurisma, fístula intracardiaca
   - Perforación valvular o aneurisma
   - Nueva dehiscencia protésica de prótesis valvular
   b. Actividad anormal alrededor del lugar de implantación de la prótesiss valvular detectada por F-FDG PET/CT (Sólo si la prótesis se implantó hace más de 3 meses) o leucocitos radiomarcados en SPECT/CT
   c. Lesiones paravalvulares definidas en TC Cardiaco

Criterios menores

1. Cardiopatía predisponente o uso de drogas intravenosas
2. Fiebre, definida como temperatura >38ºC
3. Fenómenos vasculares (incluyendo aquellos detectados sólo por pruebas de imagen): embolismo arterial, infartos pulmonares sépticos, aneurisma micótico, hemorragia intracraneal, hemorragia conjuntival y lesiones de Janeway.
4. Fenómenos inmunológicos: glomerulonefritis, nodulos de Osler, manchas de Roth y factor reumatoide
5. Evidencias microbiológicas: hemocultivo positivo que no coincide con los criterios mayores o evidencia serológica de infección activa de un organismo compatible con EI.

El diagnostico de EI es **definitivo** en presencia de 2 criterios mayores, 1 criterio mayor y 3 criterios menores o 5 criterios menores; el diagnostico es **posible** en presencia de 1 criterio mayor y 1 menor o 3 criterios menores.

La **ecocardiografía** por tanto juega un papel fundamental en el diagnóstico de esta patología, como se puede apreciar por el grado de importancia que se le da en los criterios, así como para identificar las lesiones de cara a una futura cirugía. La sensibilidad de esta prueba oscila del 60-80% para la transtorácica hasta los 90-100% para la transesofágica. No obstante, dada la facilidad de acceso de la primera, se opta por realizar inicialmente una ecocardiografía transtorácica, que nos permita una aproximación diagnóstica en aquellos pacientes en los que se sospeche EI; si se confirma el diagnóstico mediante la ETT se realizará una ETE para conocer el alcance las lesiones y las posibles complicaciones estructurales. En caso de ETT negativa, pero alta sospecha de EI (paciente con hemocultivos positivos, cuadro séptico persistente…) se realizará ETE para confirmar. Y si hubiera mala ventana para la realización de ETT, o presentará dificultades anatómicas para el diagnostico como pudiera ser una prótesis valvular, se optará por la ETE.

Si la sospecha se mantiene a pesar de un ETT/ETE negativa, se debe repetir a los 7-10 días, para descartar nuevamente la EI. También se debe repetir la ETT/ETE para el control de las complicaciones y su evolución durante el tratamiento.

Los **hemocultivos** son imprescindibles a la hora de realizar el diagnóstico, y sobre todo a la hora de orientar el tratamiento antibiótico. Deben ser tomados en 3 muestras diferentes, separadas 30 minutos cada una, de 10ml de sangre que se deberá extraer de una vena periférica, descartando la toma de vías centrales por su posible contaminación. Se debe evitar iniciar tratamiento antibiótico antes de la obtención de las muestras, pero tampoco es necesario retrasarlo por esperar a un pico febril para la obtención de las mismas; la bacteriemia en estos pacientes es constante, con lo que la muestra será igualmente positiva ya haya un pico febril o no. Por lo tanto ante la sospecha de EI se extraerán los hemocultivos sin demora y, tras esto, se iniciará el tratamiento antibiótico.

Existen múltiples microorganismos más exigentes a la hora de ser cultivados, y que negativizan los hemocultivos. Si se mantiene la sospecha a pesar de un cultivo negativo, se debería consultar a los servicios de microbiología para el diagnóstico de estas bacterias más difíciles de cultivar. En caso de que el diagnóstico de la EI se realice por pruebas de imagen y la cirugía no se pudiera retrasar por el estado del paciente, se aconseja enviar material válvula extraído durante la cirugía para su análisis.

Tratamiento

El tratamiento de la endocarditis infecciosa se divide en el tratamiento médico mediante antibioterapia y el tratamiento quirúrgico para eliminar las lesiones y corregir los defectos residuales en las válvulas cardiacas.

Cuando se diagnostica una EI, no se suele disponer de un antibiograma que dirija la terapia antibiótica, por lo que iniciaremos un tratamiento empírico en función del origen de la infección y los gérmenes más comúnmente asociados a ella. La utilización de un betalactámico en conjunción con un aminoglucósido es la combinación más utilizada de entrada; así la terapia sería:

- Endocarditis sobre válvula nativa: Cloxacilina 12g al día en 4-6 dosis con Gentamicina 3mg/kg/día en 1 dosis; dada la tasa de creciente de infecciones por MARSA y para aquellos intolerantes a betalactámicos sustituir Cloxacilina por Vancomicina 30mg /kg/día en 2-3 dosis.

- Endocarditis sobre válvula protésica: Vancomicina 30mg/kg/dia en 2-3 dosis, Gentamicina 3mg/kg/día en 1 dosis y rifampicina 600mg cada 12 horas

La utilización de Daptomicina en lugar de vancomicina se utiliza en aquellos pacientes con insuficiencia renal crónica o en aquellos que toxicidad renal por vancomicina. Por esto la monitorización de los niveles de vancomicina así como la función renal y hepática en estos pacientes es esencial.

En las endocarditis sobre válvula protésica los gérmenes suelen adherirse al material protésico, dificultando su eliminación en parte debido a la formación de biofilms y la aparición de cepas resistentes, esto obliga a utilizar terapias antibióticas de larga duración.

La duración del tratamiento antibiótico debe ser de 4-6 semanas en la infección nativa y de 6 semanas en la protésica; se debe considerar la duración solamente de antibioterapia efectiva, esto es, desde la identificación del germen y el uso del antibiótico específico para él, y si hubiera cirugía solamente en caso de que positivizara cultivos el material extraído habría que empezar a contar nuevamente 6 semanas desde el día de la cirugía.

El momento de la cirugía nos lo dará la situación clínica del paciente. Tenemos claro que una insuficiencia severa causada por una endocarditis deberá ser intervenida, pero la utilización de antibioterapia prolongada nos permitirá intervenir con garantías al paciente. Por ello está indicado la cirugía urgente en los siguientes casos:

• **Insuficiencia cardiaca:** toda endocarditis que cause una insuficiencia cardiaca aguda, ya sea por la propia severidad de la valvulopatía, por un fístula concomitante que perpetúe el edema agudo de pulmón, o por disfunción protésica, debe ser intervenida de urgencia. Las dehiscencias protésicas severas también serán intervenidas de forma urgente independientemente de la presencia de insuficiencia cardíaca

• **Infección incontrolada:** la aparición de abscesos, fístulas o el aumento incontrolado de las vegetaciones presentes indican cirugía urgente. Para ello es útil el ECG del paciente, pues la aparición de BAV de novo podría indicar la destrucción de tejidos por la infección. La persistencia de fiebre o hemocultivos positivos más allá de 7-10 días. Y las infecciones por hongos, al ser éstas endocarditis muy agresivas.

• **Prevención de embolias:** en pacientes con fenómenos embólicos. En aquellos con vegetaciones grandes (>15mm) debe indicarse cirugía urgente; vegetaciones mayores de 10mm debe considerarse la cirugía si aparecen otros indicadores de inestabilidad de la enfermedad.

En los demás casos se programa la cirugía siempre que se demuestren lesiones residuales sobre la válvula que condicionen una insuficiencia severa de la misma o hayan causado destrucción de tejidos.

La cirugía consistirá en la retirada del material infecto y la sustitución de los tejidos resecados, esto es, sustitución valvular por prótesis (mecanicas o biológicas es indiferente para el pronóstico, elegir según los criterios habituales) en caso de que la infección esté limitada a las valvas. Si la infección se extendiera con abscesos y fístulas en la raíz aórtica, según el alcance de estas habría que considerar la sustitución de la raíz aórtica (técnica de Bono-Bentall). En caso de infección sobre prótesis, la sustitución de la misma por otra prótesis; en ocasiones, cuando la infección sobre prótesis destruye mucho tejido circundante (estas infecciones suelen ser más agresivas) se requiere la utilización de homoinjertos de cadáver.

Aún así, la endocarditis infecciosa es una enfermedad con un mal pronóstico, llegando a un 45% de mortalidad en la EVP por S. aureus. La cirugía tiene una mortalidad global de entre el 5 al 15% y las complicaciones tempranas más comunes son la coagulopatía con necesidad de administración de factores de coagulación, la hemorragia con necesidad de reexploración, la insuficiencia renal con necesidad de diálisis, el ictus, la neumonía y el BAV.

No obstante a largo plazo la supervivencia global es del 60-90% a los 10 años, llegado al 50% a los 20 años, pero estando en relación con las enfermedades concomitantes del enfermo que por la propia endocarditis.

IMÁGENES

IMAGEN Nº1: vegetación sobre válvula en ecocardiografía

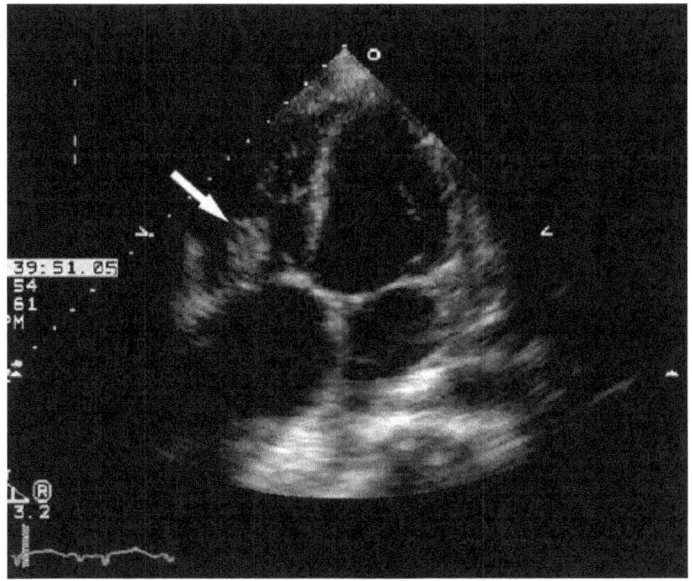

IMAGEN Nº2: prótesis valvular mecánica con endocarditis.

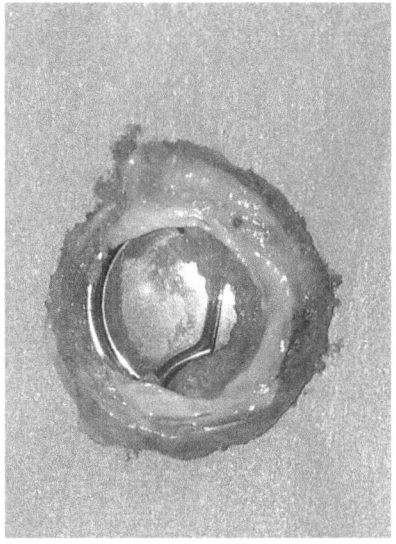

IMAGEN Nº3: endocarditis nativa sobre válvula mitral

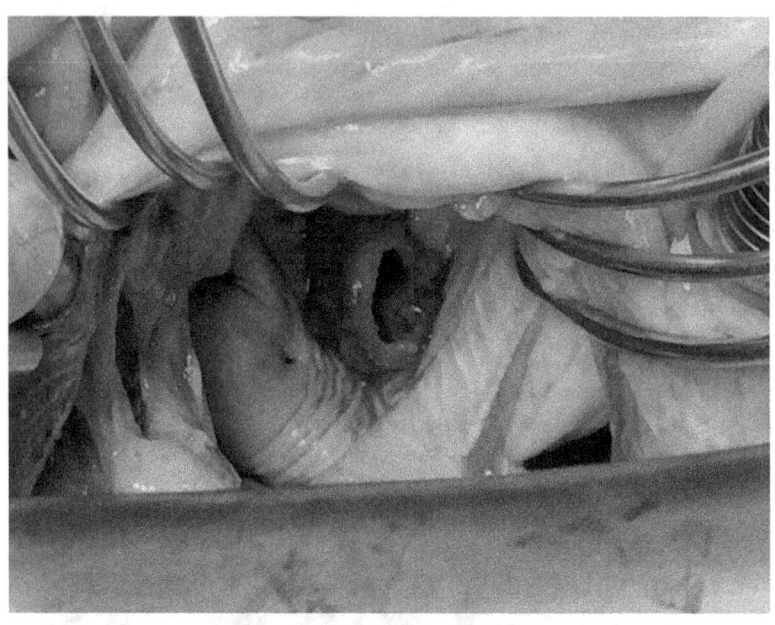

IMAGEN Nº4: velos de la válvula mitral cortados donde se aprecia la vegetación adherida.

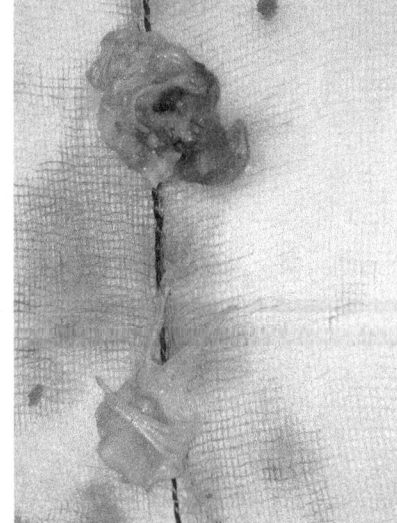

TEMA 8. CASO CLÍNICO NÚMERO 8

Nuria Miranda Balbuena, Marcos Alcántaro Montoya.

CASO

Paciente varón de 60 años que consulta en urgencias por clínica de dolor precordial. Como antecedentes personales destacan hipertensión arterial e hipertrofia benigna de próstata. Refiere que desde hace una semana y de manera repentina se encuentra con opresión/dolor torácico leve y disnea a mínimos esfuerzos limitándole su actividad habitual. Así mismo, presenta desde hace años historia de palpitaciones durante el ejercicio físico o el estrés emocional. Cuando se realiza el ingreso el paciente empieza con más dificultad respiratoria e hipotensión de 70 mm/Hg de presión sistólica sin ser capaces captar presión diastólica precisando su ingreso urgente en la unidad de cuidados intensivos.

SOSPECHA DIAGNOSTICA Y ACTITUD

En una primera valoración diagnóstica del paciente la clínica que presenta parece ir enfocada a patología cardiovascular, sin embargo habría que descartar patología pulmonar como el tromboembolismo pulmonar por la manera repentina de aparecer la disnea y las molestias torácicas.

Los antecedentes de palpitaciones también refuerza la sospecha de que exista patología cardíaca que justifique el cuadro.

Según el paciente sus cifras de tensión arterial suelen estar controladas gracias a la medicación prescrita por su médico de atención primaria, presentado normalmente 140/50 mmHg.

En cuanto realizamos una auscultación pulmonar se aprecia disminución del murmullo vesicular en ambos pulmones, roncus y crepitantes. El paciente está desaturado con una saturación de oxígeno del 89% y dificultad respiratoria clara y taquipnea. Esta simple exploración nos descarta el tromboembolismo pulmonar como causa ya que este cuadro normalmente tiene una auscultación respiratoria anodina.

La exploración es compatible con una situación de edema agudo de pulmón y por lo tanto la exploración debe ir encaminada a encontrar una causa cardíaca que lo justifique.

A la auscultación cardíaca se detecta en el borde paraesternal derecho la presencia de un soplo mesodiastólico.

Los síntomas de dolor y opresión torácica podrían estar justificados por una cardiopatía isquémica y el cuadro que presenta el paciente puede ser un síndrome coronario agudo. En el electrocardiograma se aprecia una taquicardia sinusal sin más hallazgos. Se solicitan enzimas cardíacas y son normales.

En la radiografía de torax se confirma el edema agudo de pulmón apareciendo el típico cuadro de infiltrado bilateral en alas de mariposa, llama la atención una cardiomegalia severa.

Ante la presencia del soplo diastólico y la cardiomegalia se solicita una ecocardiografía transtorácica, en ella se aprecia un corazón con un ventrículo izquierdo muy dilatado, que se contrae con muy poca fuerza, se estima una fracción de eyección del 25 %. Se visualiza una insuficiencia mitral moderada y una insuficiencia aórtica muy severa, la raíz aórtica y la aorta ascendente está dilatada.

El paciente recibe tratamiento deplectivo e inotrópico, a las dos semanas se repite la ecografía, la insuficiencia mitral es ahora leve, el ventrículo izquierdo ha recuperado fracción de eyección hasta un 45 %, la insuficiencia aórtica sigue siendo severa.

El paciente es intervenido realizándose una reparación valvular aórtica.

DISCUSIÓN

La insuficiencia aórtica es el reflujo de sangre de la aorta hacia el ventrículo izquierdo debido a un fallo en la coaptación de los velos aórticos en el inicio de la diástole. Es importante para entender la fisiopatología de la insuficiencia aórtica conocer la anatomía de la raíz aórtica que consta de anillo valvular, senos aórticos, unión sinotubular y aorta ascendente.

Esta insuficiencia valvular puede deberse a enfermedad propia de los velos aórtico y/o bien a enfermedad de la raíz aórtica.

Entre las causas principales de insuficiencia aórtica por afectación propia de los velos destacan la calcificación valvular que se asocia a estenosis aórtica concomitante (es lo que se denomina doble lesión aórtica), anomalías congénitas como la válvula aórtica bicúspide, la degeneración mixomatosa, la endocarditis infecciosa, la enfermedad reumática; que normalmente también cursa con doble lesión aórtica, y los fármacos anorexígenos como la fenfluramina. En todas ellas el problema los velos son incapaces de coaptar entre si por afectación propia de su estructura.

Si por el contrario la causa de la insuficiencia aórtica es por dilatación de la raíz o de aorta ascendente, los velos suelen ser sanos y no coaptan en el centro porque se alejan entres si por la dilatación. La insuficiencia aórtica se asocia por lo tanto a los aneurismas de raíz y aorta torácica ascendente.

La insuficiencia aórtica se puede presentar de forma aguda o crónica produciendo cada una distintas manifestaciones clínicas y consecuencias en el corazón .En la forma aguda, típicamente causada por disección aórtica o endocarditis, en la diástole se produce un reflujo repentino hacia el ventrículo izquierdo desde la aorta, lo que provoca un aumento del volumen en el fin de diástole. El corazón no puede dilatarse de manera rápida para manejar ese aumento de volumen por lo que la presión en el ventrículo izquierdo aumenta rápidamente. Este aumento de presión también se produce en aurícula izquierda y venas pulmonares lo que produce distintos grados de edema pulmonar. El corazón compensará esta situación con un aumento de la contractilidad y de la frecuencia cardiaca.

En lo que respecta a la situación de una insuficiencia aórtica crónica, esta tiene una evolución lenta, insidiosa lo que conlleva múltiples mecanismos compensatorios. Se produce también un incremento del volumen y presión del ventrículo izquierdo así como un aumento del stress de la pared ventricular, presentándose característicamente una hipertrofia excéntrica por aumento de longitud de los miocitos. El corazón para mantener el gasto cardiaco adecuado aumenta el volumen sistólico total para suplir la cantidad de volumen que vuelve al corazón en cada diástole. Con el tiempo el ventrículo dilatado va perdiendo capacidad contráctil.

Con respecto a la frecuencia cardiaca ésta se aumenta para disminuir el tiempo diastólico de llenado del corazón para disminuir así el aumento de volumen, por lo que en el tratamiento de la insuficiencia aórtica se deberían evitar los fármacos bradicardizantes. Con el tiempo, se produce una situación de sobrecarga para el corazón que hace que disminuya su fracción de eyección y más tarde se produzca el fallo cardiaco

Un hecho importante en la insuficiencia aórtica es la posibilidad de producir isquemia miocárdica debido al descenso en la perfusión de las arterias coronarias durante la diástole y al incremento en la demanda de oxígeno por el musculo cardiaco, lo que también influye negativamente en la evolución de esta patología.

Clínicamente la insuficiencia aórtica se manifiesta según su forma de inicio antes comentada. Si se inicia de manera aguda puede ser de alto riesgo para la vida del paciente si no se trata rápidamente, experimentando el paciente síntomas como dolor torácico agudo y signos de inestabilidad importante, mientras que si es crónica puede ser tolerada durante años, manifestándose con disnea progresiva, ortopnea, disnea paroxística nocturna o palpitaciones. Otras veces la insuficiencia aórtica crónica puede ser asintomática u oligosintomática, y muchas veces, como en nuestro caso clínico, los pacientes debutan de manera repentina como una insuficiencia cardíaca aguda con un ventrículo izquierdo deteriorado.

Existen gran cantidad de signos clínicos muy característicos de la insuficiencia aórtica que nos pueden hacer pensar en su diagnóstico.

- Pulso de Corrigan, pulso carotídeo con gran amplitud seguido de un colapso abrupto.
- Signo De Musset, pequeñas inclinaciones o subidas y bajadas de la cabeza en sincronía con el latido cardiaco
- Pulso de Quincke, pulsación rítmica en el lecho ungueal sobre todo al presionar suavemente el borde libre de la uña
- Signo de Traube, soplo audible en arteria femoral al comprimirla
- Signo de Müller, pulsación de la úvula

En la auscultación encontraremos un soplo mesodiastólico en el reborde paraesternal derecho, conocido como soplo de Austin- Flint.

Es muy típico el aumento de la presión diferencial entre la presión sistólica y diastólica como es el caso del paciente descrito.

Para el diagnóstico de confirmación la prueba que se debe realizar es una ecocardiografía transtorácica (ETT). En ella se debe valorar la anatomía valvular, la presencia, severidad y etiología de la insuficiencia y las medidas y función del ventrículo izquierdo. La ecocardiografía transesofágica se debería indicar si queremos evaluar la posible reparabilidad de la válvula y valorar la raíz aórtica en casos de patología a este nivel, como disección aórtica.

Para el diagnóstico ecocardiográfico de insuficiencia aórtica severa se distinguen mediciones cualitativas y cuantitativas. Como cualitativas se considera una falta de coaptación valvular grande, chorro central grande desde aorta al ventrículo izquierdo, con señal densa del Doppler y que en aorta descendente se invierta el flujo durante la diástole. Como cuantitativos, se toma como severa un deficit de coaptación de 6 mms, un área del orificio regurgitante mayor de 30 mm^2, un volumen regurgitante mayor de 60 ml, así como mediciones del volumen y diámetro del ventrículo izquierdo superiores a las consideradas normales.

En paciente con insuficiencia aórtica severa se indicaría cirugía en los siguientes casos:

- Pacientes sintomáticos
- Pacientes asintomáticos que tienen dilatación importante de raíz aórtica/aorta ascendente
- Pacientes asintomáticos con una FE menor de 50%
- Pacientes asintomáticos con dilatación importante del ventrículo izquierdo

Una vez que la indicación de cirugía se ha establecido se deben prescribir distintas pruebas previo a la realización de ésta. Si por la ecocardiografía transtorácica la válvula podría ser reparada se debería pedir una ecocardiografía transesofágica (ETE) para una mejor planificación de la cirugía.

Para descartar patología coronaria concomitante se debe realizar un cateterismo cardiaco que incluya aortografía donde se pondrá de manifiesto la regurgitación aórtica.

Si existe dilatación aórtica importante se debe solicitar una angiotomografía computarizada de aorta (AngioTC) para medir de manera estricta el diámetro de la aorta torácica.

El tratamiento de la insuficiencia aórtica tradicionalmente ha sido la sustitución valvular aórtica por prótesis, si bien en los últimos años se han desarrollado técnicas de reparación valvular. La reparación está pensada sobre todo para paciente jóvenes a los que se quiere evitar la anticoagulación asociada al implante una prótesis mecánica (la indicada en pacientes jóvenes).

Cuando el paciente presenta además una patología de la raíz aórtica o aorta (aneurisma) es necesario el tratamiento concomitante de la aorta y de la insuficiencia aórtica.

Todas las técnicas de tratamiento de la aorta se verán en el volumen 2 de este libro donde se explica detalladamente el tratamiento de los aneurismas de aorta.

Para realizar la cirugía en un paciente con insuficiencia aórtica severa se necesita realizar una esternotomía. Tras apertura del tórax el paciente es conectado a la bomba de circulación extracorpórea. Tras parar el corazón se lleva a cabo la cirugía programada para el paciente ya sea la reparación valvular, sustitución valvular o sustitución parcial/completa de la raíz aórtica.

Para la reparación valvular se debe tener en quirófano una ecografía transesofágica que permita valorar la correcta reparación de la válvula.

Para la sustitución valvular se realiza como en el caso de estenosis aórtica, retirando los velos aórticos y suturando puntos desde el anillo a la válvula protésica a implantar (ver tema 1).

El tratamiento quirúrgico de la insuficiencia aórtica tiene buenos resultados y baja mortalidad si se realiza mientras el ventrículo izquierdo no está muy dilatado o ha perdido mucha contractilidad.

IMÁGENES

IMAGEN N°1: dilatación de raíz aórtica con velo que no coapta correctamente.

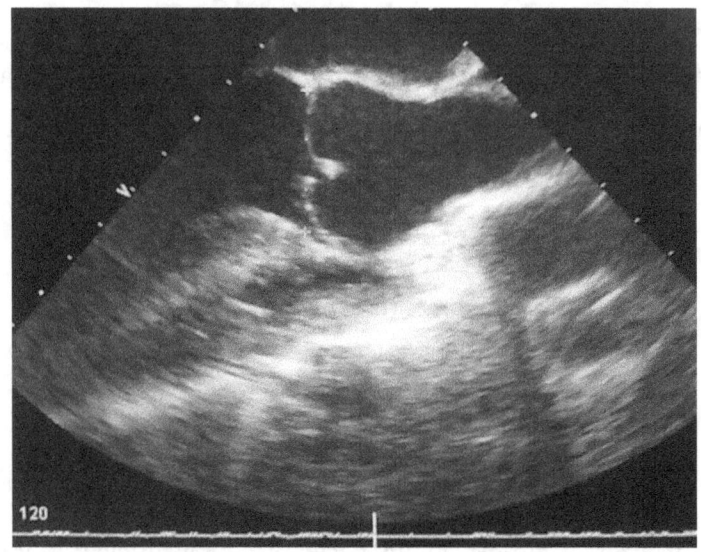

IMAGEN N°2: regurgitación de insuficiencia aórtica en ecocardiografía.

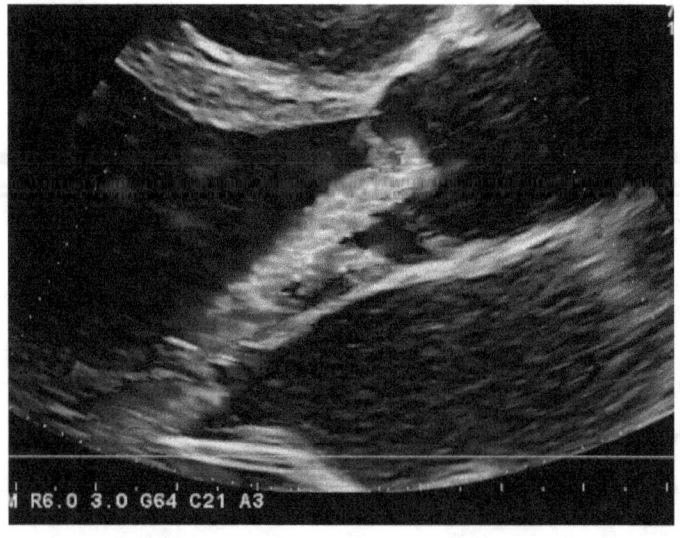

IMAGEN N°3: aneurisma de aorta ascendente en AngioTC.

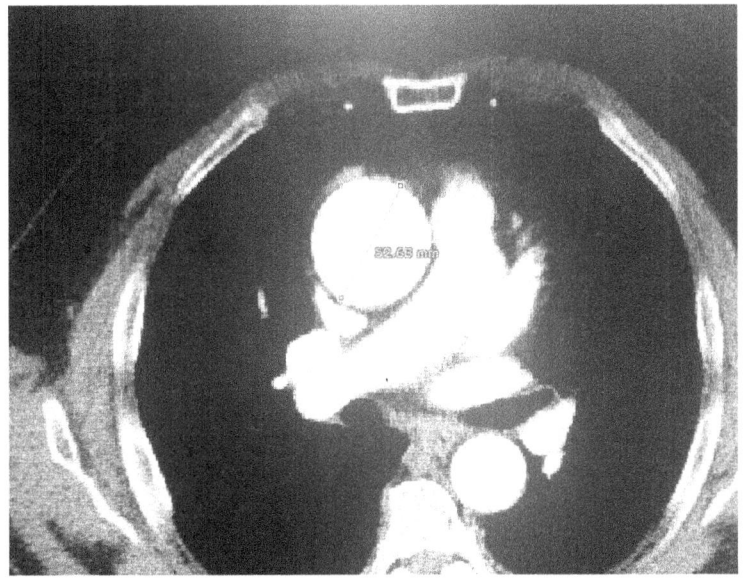

IMAGEN N°4: válvula unicuspide con doble lesión aórtica.

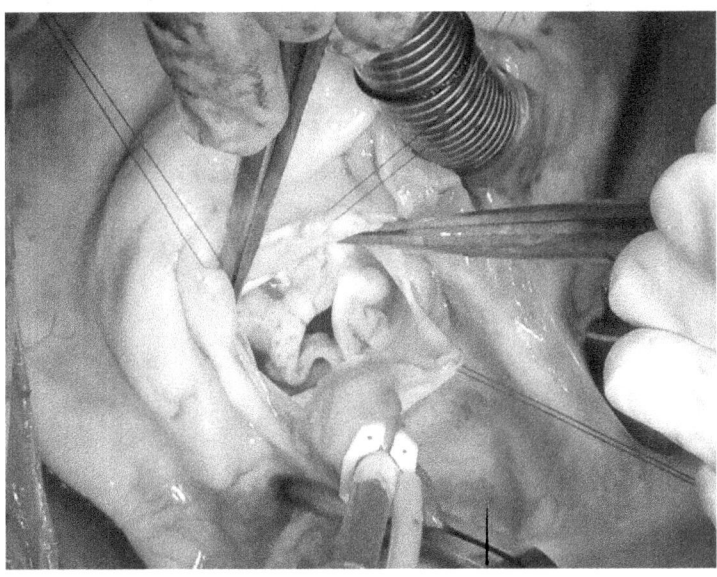

IMAGEN Nº5: aneurisma de raíz aórtica que provoca insuficiencia aórtica.

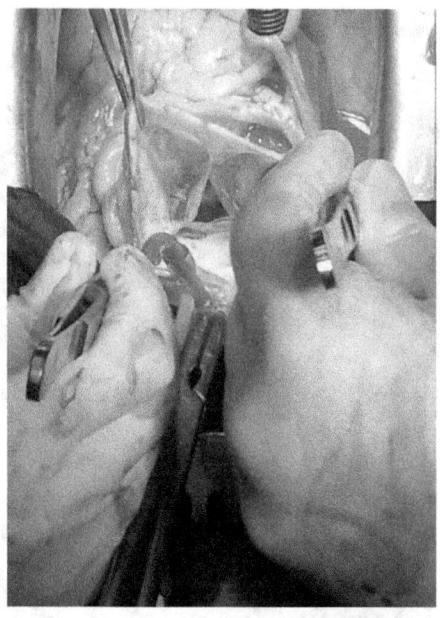

IMAGEN Nº6: sustitución de válvula aórtica por prótesis biológica.

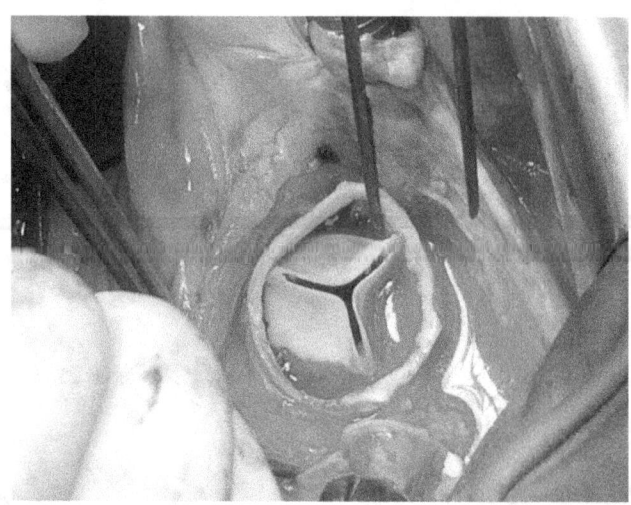

IMAGEN Nº7 y Nº8: reparación valvular.

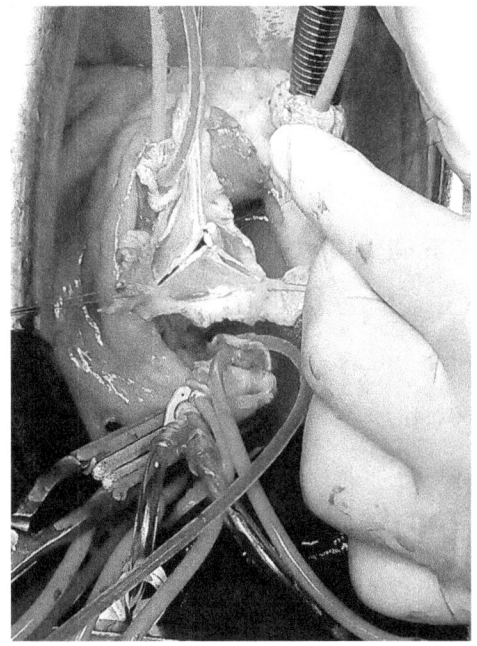

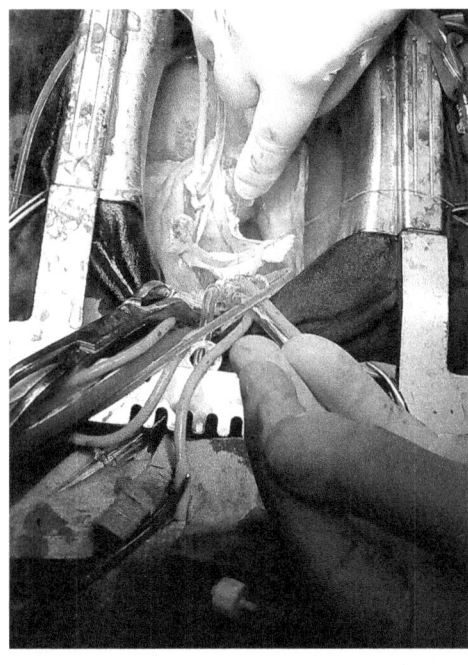

TEMA 9. CASO CLÍNICO NÚMERO 9

Diego Macías Rubio, Nuria Miranda Balbuena.

CASO

Varón de 62 años fumador de 20 paquetes/año, hipertenso en tratamiento y dislipémico. Obesidad severa o tipo II (IMC 36) y con hábito de vida sedentaria. Acude a urgencia por dolor intenso tipo anginoso hace 2 días, con sudoración profusa y mareo, que tras esperar unas horas (no sabe precisar) cedió sin recibir tratamiento, pero que hace una hora ha recidivado; apareció nuevamente un dolor intenso con las mismas características pero que en esta ocasión no desaparece. No ha tomado medicación alguna salvo el enalapril que su médico de atención primaria le prescribió hace 5 años por la hipertensión, y que no ha vuelto a revisar desde entonces.

Tras pasarlo a la sala de observación para administrar el tratamiento adecuado el paciente comienza con una bajada de la tensión arterial y disnea súbita con crepitantes generalizados.

SOSPECHA DIAGNOSTICA Y ACTITUD

Está claro que se trata de un paciente con factores de riesgo cardiovascular y que el cuadro clínico orienta hacia un síndrome coronario agudo. Sobre el primer episodio sufrido hace un par de días no podemos dar un diagnóstico claro, al no haber acudido para recibir asistencia. Pero hoy, al realizar de inicio un ECG, vemos una elevación del ST en las derivaciones II, III y aVF, que nos orienta a un infarto inferior. En la analítica ya se visualiza un aumento de las troponinas, lo cual nos hace pensar que ese cuadro de hace 2 días fue un evento isquémico.

Es de recibo pasar al paciente a observación donde será monitorizado y se le administrará el tratamiento adecuado. Vemos de inicio una tensión de 150/90, FC de 80 lpm en ritmo sinusal y saturando al 95% sin aporte de oxígeno. De forma súbita aumenta el dolor y cuenta dificultad para respirar, la FC aumenta a 120, la tensión va bajando progresivamente a 90/50 y la saturación a 89%. En la auscultación percibimos crepitantes generalizados. Realizamos una radiografía de tórax donde se informa un edema agudo de pulmón.

El paciente pierde el conocimiento y es intubado, la tensión arterial sigue cayendo hasta 70/30 y la saturación esta en 83%. Con tratamiento deplectivo, nitritos intravenosos y la ventilación mecánica se consigue aumentar la saturación a 91, pero la tensión arterial no mejora. Se realiza una ecocardiografía transtorácica de urgencia donde se visualiza una insuficiencia mitral severa, por lo que se decide realizar un transesofágico donde se diagnostica de un prolapso de velo posterior de la válvula mitral con posible rotura de cuerdas como motivo de dicha insuficiencia. Se avisará al cirujano cardiovascular para valorar la intervención de esta complicación mecánica del infarto.

DISCUSION

Las complicaciones mecánicas del infarto agudo de miocardio (IAM), asociadas generalmente al IAM con elevación de ST, son tres:

- Rotura de la pared libre del ventrículo izquierdo
- Rotura del septo interventricular
- Insuficiencia mitral aguda

En el caso expuesto en este capítulo hablamos de la insuficiencia mitral aguda por rotura de cuerdas. Una entidad que, siempre que el paciente y la situación lo permitan, será susceptible de tratamiento quirúrgico.

Insuficiencia mitral aguda

La insuficiencia mitral aguda en el contexto del IAM se define como la afectación del aparato subvalvular mitral como consecuencia de las lesiones provocadas por la isquemia, englobando la rotura de cuerdas, la rotura del músculo papilar o la deformación de la anatomía ventricular provocando retracción y "tenting" de los velos impidiendo su adecuada coaptación.

Atendiendo también al estado previo de la válvula mitral, podemos encontrarnos insuficiencia mitral crónica con un agravamiento agudo, la aparición de una insuficiencia mitral crónica tras un infarto de miocardio pasado y la insuficiencia mitral aguda de novo. En este capítulo nos centraremos en esta última.

En el contexto de un proceso coronario isquémico agudo, podemos encontrarnos con la aparición de una **insuficiencia mitral leve o moderada**, por las modificaciones en la contractilidad que se derivan del área isquémica, y que condicionan una disfunción del aparato subvalvular; esta entidad es típicamente transitoria y contrariamente a lo descrito en el caso clínico del tema, no suele afectar la hemodinámica del paciente de forma reseñable.

En cambio, **la insuficiencia mitral severa** en el contexto del infarto agudo de miocardio, es una entidad menos frecuente que la leve y suele tener como etiología principal la rotura de un músculo papilar.

La **rotura del músculo papilar** es una complicación temible del infarto agudo de miocardio por la afectación tan aguda y grave que provoca sobre la hemodinámica del paciente. Conviene recordar la anatomía coronaria a la hora de entender la fisiopatología de su formación.

La válvula mitral posee dos músculos papilares: el posteromedial y el anterolateral. El músculo posteromedial se encuentra irrigado la arteria descendente posterior y el anterolateral por la descendente anterior y la circunfleja. Esta doble irrigación le previene en cierta medida de la rotura frente al posteromedial, siendo la rotura de éste último de 6 a 12 veces más frecuente.

En el caso clínico se habla de elevación de ST en cara inferior II, III y aVF, queriendo resaltar la posible afectación de la coronaria derecha, que sería en este caso dominante, y dependería de ella la descendente posterior. Suele aparecer a las 48 horas después del infarto. Suelen tener recidiva del dolor anginoso.

Al aparecer sobre pacientes que no tienen enfermedad valvular alguna, son corazones no alterados, con aurículas de pequeño tamaño, que no se pueden adaptar a la sobrecarga súbita de volumen que este cuadro condiciona. Al romperse el músculo papilar la insuficiencia mitral aumenta el volumen dentro de la aurícula, que al tener un tamaño normal, aumenta la presión de forma excesiva dentro de dicha cavidad y retrógradamente, dentro de la circulación pulmonar. Además ese aumento de volumen en la aurícula izquierda no distensible, retorna al ventrículo izquierdo, aumentando así el volumen telediastólico del mismo, sobre un ventrículo no adaptado a estos volúmenes tan grandes, lo cual acabará desencadenando un fallo ventricular si no se soluciona la causa. Todo esto provoca que el paciente entre en edema agudo de pulmón de forma súbita, y el corazón en un estado hiperdinámico para intentar compensar la situación.

El **diagnóstico** suele iniciarse al sufrir un empeoramiento súbito la hemodinámica del paciente en el contexto de un infarto, con la aparición en ocasiones de un nuevo soplo mitral. La prueba que nos dará la confirmación será el ecocardiograma; en ocasiones con un transtorácico suele ser suficiente para ver el chorro de insuficiencia mitral, pero el transesofágico nos ayuda en localizar el mecanismo de dicha insuficiencia, al visualizar un prolapso de un velo en la válvula mitral con una imagen de cuerda rota. En caso de no haber realizado previamente un cateterismo se debe realizar para localizar la/s lesion/es coronaria/s responsables y tratarlas percutáneamente si procede.

El **tratamiento** se suele iniciar ingresando al paciente en una unidad de cuidados críticos donde se monitorizará de forma invasiva los parámetros hemodinámicos, así como la presión pulmonar. Se reducirá de forma agresiva la poscarga del paciente con vasodilatadores, diuréticos y la utilización del balón de contrapulsación. Pero el tratamiento de elección será la cirugía, siempre que el paciente lo permita. De elección se realizará una sustitución valvular mitral (escogiendo el tipo de prótesis según los parámetros habituales: edad del paciente, contraindicaciones de la anticoagulación, etc.). La reparación mitral puede ser también una opción terapéutica.

Se trata de pacientes inestables hemodinámicamente y el cuadro es una urgencia quirúrgica. No obstante, si es posible, un tratamiento médico deplectivo previo para reducir el edema y la sobrecarga del corazón, pueden ayudar a mejorar el resultado de la cirugía.

Por último esta patología debe asociar, en caso de no haberse realizado previamente, la revascularización de las lesiones coronarias causantes mediante bypass coronario si no han sido tratadas en el cateterismo.

Rotura de la pared libre del ventrículo

Se trata de una patología casi siempre letal aunque con una incidencia baja dentro de la globalidad de los pacientes afectos de IAM. Suele afectar generalmente a la cara anterior y lateral del ventrículo izquierdo (es raro en el derecho) en la zona de unión entre ventrículo sano y la zona infartada. Suele ocurrir en los primeros cinco días tras el infarto.

Esta patología suele aparecer en aquellos pacientes donde no ha sido posible la revascularización de la zona infartada. El ventrículo infartado se adelgaza y se rompe al no ser capaz de soportar la presión del ventrículo. El cuadro que suelen presentar es la de una muerte súbita por taponamiento cardiaco, al salir la sangre y comprimir el corazón dentro de la cavidad pericárdica (imagen n°2). La mayoría de los pacientes sufren un hemopericardio, disociación electromecánica y muerte en aquellos con una rotura completa del ventrículo. En aquellos que por suerte sufren una rotura incompleta o se organiza un trombo en la zona, pueden llegar a ser tratados. Veremos un aumento del dolor torácico, empeoramiento de la hemodinámica y de la situación clínica del paciente. Suele ser, al igual que en el caso de la IM aguda, un cuadro rápido, con empeoramiento súbito que requiere de cuidados críticos y que no da mucho margen de maniobra.

El diagnóstico se realiza con un ecocardiograma y una pericardiocentesis que nos dará la naturaleza del líquido que tapona el corazón. El tratamiento debe incluir apoyo inotrópico, fluidoterapia, balón de contrapulsación y por supuesto consultar con el cirujano cardíaco, quien valorará la intervención urgente si el estado del paciente lo permite. Generalmente la reparación consiste en el sellado de la rotura cosiendo un parche y pegamento biológico. La mortalidad quirúrgica es muy alta.

Rotura del septo interventricular

Se trata de la menos frecuente las roturas y que implica a pacientes de similares características a las previamente descritas (primer infarto, etc.) con una particularidad anatómica: el septo interventricular es irrigado en la mayor parte de los pacientes por la descendente anterior en sus dos tercios superiores y por la coronaria derecha en su tercio inferior.

Con la rotura del septo se produce un shunt izquierda-derecha (imagen n°1), tanto mayor cuanto más grande es el orificio, provocando por tanto un aumento de las presiones en el lado derecho, con un aumento del volumen circulatorio pulmonar, que resulta en un fallo cardiaco predominantemente derecho.

Al igual que en las complicaciones previas, la presentación clínica es súbita, con hipotensión y fallo biventricular, siendo necesario en el diagnóstico la utilización de un catéter pulmonar que evidencia el shunt por salto oximétrico entre aurícula derecha y arteria pulmonar (diferencia de la saturación de oxígeno de la sangre de estas estructuras mayor al 9%) y de una ecocardiografía que muestra el defecto del septo y su localización

Lo realmente difícil de esta patología es encontrar el momento adecuado para la intervención quirúrgica. Lo ideal es alejarse en el tiempo del momento de la rotura para tener un tejido lo más fibroso posible para que pueda repararse con garantía, cuando se opera precozmente los tejidos son muy friables y la solución quirúrgica es difícil. Muchas veces, la inestabilidad hemodinámica del paciente, el empeoramiento progresivo y tendencia al fallo multiorgánico obliga a la intervención urgente independientemente del estado del tejido. La mortalidad quirúrgica es también muy alta.

Al igual que lo explicado en la insuficiencia mitral, es aconsejable un cateterismo prequirúrgico. La asociación a la reparación quirúrgica del defecto, de revascularización quirúrgica de las lesiones coronarias, aumenta notablemente las posibilidades de sobrevivir al complicado postoperatorio que espera a estos pacientes.

Como alternativa están surgiendo las técnicas de cierre percutáneo de los defectos, que podría estar indicado siempre que las alternativas quirúrgicas no fueran viables y en centros con experiencia en el manejo de estos dispositivos.

IMÁGENES

IMAGEN Nº1: imagen de ecocardiografía donde se observa un defecto en el septo interventricular con paso de sangre de ventrículo izquierdo al ventrículo derecho.

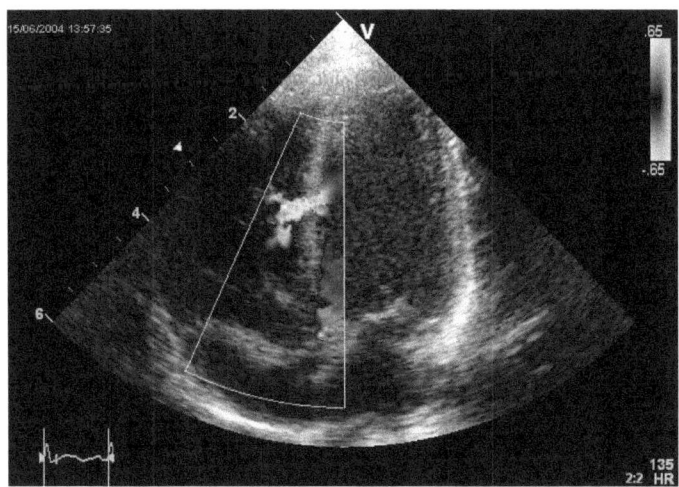

IMAGEN Nº2: imagen de derrame pericárdico (DP), hay que sospechar rotura de pared libre en paciente con infarto que empeora su estado clínico y que encontramos esta imagen en la ecografía que comprime (taponamiento) la aurícula derecha (AD).

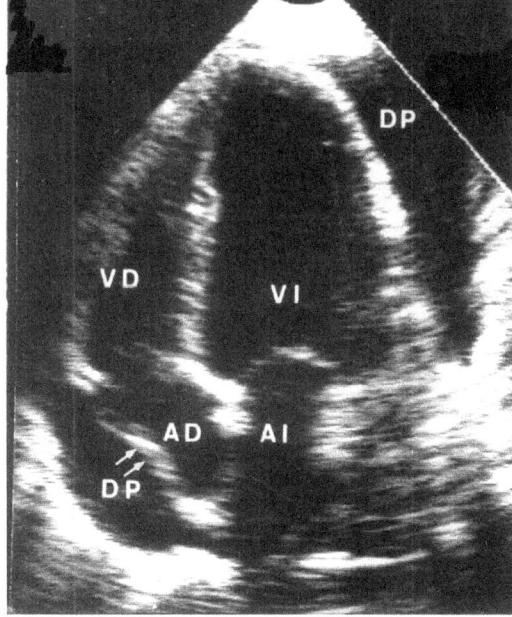

www.ingramcontent.com/pod-product-compliance
Lightning Source LLC
Chambersburg PA
CBHW080930170526
45158CB00008B/2228